新型农民阳光培训教材

畜禽用药实用技术

倪起佣　主编

科学普及出版社

·北　京·

图书在版编目（CIP）数据

畜禽用药实用技术 / 倪起佣主编. —北京：科学普及出版社，2013.2

（新型农民阳光培训教材）

ISBN 978-7-110-07893-8

Ⅰ.①畜…　Ⅱ.①倪…　Ⅲ.①兽医学-药物学-技术培训-教材　Ⅳ.①S859

中国版本图书馆 CIP 数据核字（2012）第 259411 号

责任编辑	鲍黎钧
封面设计	鲍　萌
责任校对	孟华英
责任印制	张建农

出版发行	科学普及出版社
地　　址	北京市海淀区中关村南大街 16 号
邮　　编	100081
发行电话	010 - 62173865
传　　真	010 - 62179148
投稿电话	010 - 62176522
网　　址	http://www.cspbooks.com.cn

开　　本	850mm×1168mm　1/32
字　　数	185 千字
印　　张	7.375
版　　次	2013 年 2 月第 1 版
印　　次	2013 年 2 月第 1 次印刷
印　　刷	北京市彩虹印刷有限责任公司

书　　号	ISBN 978 - 7 - 110 - 07893 - 8/S.519
定　　价	18.00 元

前　言

养禽业无论是规模化、机械化饲养，还是标准化饲养都走在畜牧业生产发展的前列。不断变化的家禽饲养管理方式也在不断地给防治家禽疾病提出新要求；再者随着社会经济发展水平的提高，人们对食品的需求越来越迫切。只有不断提高家禽科学用药、高效用药、规范用药的水平，才能满足这些变化的需要。

本书共五章，内容紧紧围绕畜禽用药技术的关键性问题，结合新型农民培训的实际需求，以实用、易学、经济有效的技术为重点，兼顾先进技术，力求通俗易懂、简单适用、重点突出，尽量结合临床实际。既可作为基层疾病防治员、防疫员和专业养殖小区专业户等的培训教材，也可作为基层畜牧工作站技术人员的学习参考书。

编委会

目　　录

第一章 药物和用药基本知识

一、药物的定义

药物是人类用以预防、治疗和诊断疾病的物质。近年来，随着科学的进展和人类的需要，药物的应用已超越了防治疾病的范畴。

药物对机体生理功能的影响十分复杂，但就其基本形式或者就其主要方面来说，不外两种，即使机体原有的生理机能活动增强或减弱，也就是兴奋或抑制反应。药物的兴奋作用是指提高机能活动性；抑制作用是指降低机体机能活动性。例如，中枢兴奋药能兴奋中枢神经系统，因而加强机体的机能活动性；而全麻药则能抑制中枢神经系统，减弱机体机能活动。但是，药物的兴奋作用或抑制作用常常不是单独出现的。在机体内，药物的作用往往是多方面的，对不同的器官可以产生不同的作用，如中枢兴奋药咖啡因，在其直接作用于器官时，对心脏呈现兴奋，加强收缩，但对血管则有扩张、松弛作用。此外，在同一生活机体或组织，可由于其机能活动性不同，而出现药物的兴奋或抑制作用。

毒物是指在较小用量时，即能引起机体功能性或器质性损害，甚至危及动物生命的物质。

实际上，药物与毒物之间并不存在绝对的界限，而只能以引起中毒剂量的大小将它们相对地加以区别。药物如果用量过大，往往会引起中毒；反之，毒物如果用量很小而往往可以治疗疾病。众所周知，食盐是家禽饲料中不可缺少的组成成分，但如果用量过

1

大,则会引起家禽的食盐中毒;又如,敌百虫属剧毒药物,但在用其小剂量内服时,亦可驱除畜禽肠道的多种线虫。应该承认,药物与毒物之间存在着用量与安全度的差异,药物的用量与安全度都较大,而毒物的用量与安全度都较小,用时应特别加以注意。再说,有些物质如山药、蜂蜜、葡萄糖、大蒜等,通常都是食物,但又可用来治病,这时它们又是药物了。总之,药物、毒物、食物之间存在着一定的相互关系,应用时必须加以识别和注意。

二、药物种类和特点

现有药物,按其来源可分为天然药物和人工合成药物两大类。

(一)天然药物

是存在于自然界的物质,经加工精制或提炼而作药用,包括植物、动物、矿物、微生物等药物。

(1)植物性药物。本类药物是利用植物的根、茎、叶、花、果实和种子等加工制成,例如,健胃药龙胆末是由植物龙胆的根、茎制成。植物性类药物来源极广,应用历史最长,我国自古即有"百草皆为药"的说法,历代"本草"中所收载的药物均以植物性药物为最多。

(2)动物性药物。是利用动物或动物的组织器官经加工或提炼制成。如全蝎、蝉蜕、胃蛋白酶、胎盘组织液等。

(3)矿物性药物。是直接利用原矿物或其制成品。常用的有钠、钾、铵、钙、镁、锑、砷、铁、银、铜、铋等与酸生成的盐类及氧化物等。它们的药名就是化学名,一提药名就可知道它们的化学组成,如,氯化钠、碳酸氢钠等。

(4)微生物类药物。是从某些微生物的培养液中提取的有抗菌作用的药物,亦称抗生素(抗菌素)。如,青霉素是从数种青霉菌的培养液中获得,链霉素是从灰色链丝菌的培养液中获得。

(5)兽医生物制品。是根据免疫学原理,利用微生物本身或其生长繁殖过程中的产物为基础制成的一类药品,其中包括供预防传染病用的菌苗、疫苗和类毒素;供治疗或紧急预防用的抗病血清和抗毒素以及供诊断用的各种诊断液等。

(二)人工合成药物

这类药物的来源不受自然条件的限制,可根据药物化学的发展而大量合成新产品。一般说,它的优点是产品质量基本一致,药品的疗效较高而奏效较快,体积小,便于保存和运输。其主要缺点是副作用一般比较明显,不宜长期服用。

近年来,在合成的新药中抗寄生虫药比较突出,它正朝着广谱、高效、低毒、无残留、价廉、使用方便的方向发展,且已取得了显著的成绩。

三、药物剂型

(一)剂型的定义和分类

剂型是指根据医疗、预防等的需要,将药物加工制成具有一定规格、一定形态而有效成分不变,以便于使用、运输和保存的形式,一般指制剂的剂型。

目前按形态分类,剂型可分为液体剂型、半固体剂型、固体剂型和气雾剂型等四类。由于每类剂型的形态相同,其制法特点和医疗效果亦相似,如液体剂型多需溶解、半固体剂型多需融化或研匀、固体剂型多需粉碎及混合。疗效速度以液体剂型为最快,固体剂型,半固体剂型多作外用。

(二)常用液体剂型的种类及特点

(1)芳香水剂。一般指芳香挥发性药物的近饱和或饱和水溶液。如薄荷水、樟脑水等。

(2)醑剂。一般指挥发性有机药物的乙醇溶液,如樟脑醑等。

(3)煎剂及浸剂。均为生药的水浸出所制。

(4)溶液剂。一般指化学药物的内服或外用澄明溶液。

(5)酊剂。指用不同浓度乙醇浸制生药或溶解化学药品而成的液体剂型,如龙胆酊、碘酊等。

（6）流浸膏剂。是指生药的浸出液除去一部分浸出溶媒而成的浓度较高的液体剂型。除特殊规定外，每毫升流浸膏相当原药1克，如马钱子流浸膏等。

（7）乳剂。指两种以上不相混合或部分混合的液体所构成的不均匀分散的液体剂型。油和水是不相混合的液体，如制备稳定的乳剂，尚需加入第三种物质即乳化剂。常用乳化剂有阿拉伯胶、西黄蓍胶、明胶、肥皂等。乳剂的特点是增加了药物表面积以促进吸收及改善药物对皮肤黏膜的渗透性。

（8）合剂。指供内服的两种以上的液体剂型，如，三溴合剂。

（9）注射剂。指灌封于特制容器中灭菌的药物溶液、混悬液、乳浊剂或粉末（粉针剂），须通过注射器注入皮下、肌肉、静脉内等部位进行给药的一种剂型。

（10）搽剂。指刺激性药物的油性或醇性液体剂型。搽剂外用涂搽皮肤表面，一般不用于破损的皮肤，如四—三—搽剂。

（11）浇泼剂。系一种透皮吸收药液。可用专门器械按规定剂量，沿动物背部浇泼，如左旋咪唑浇泼剂、恩诺沙星浇泼剂等。

(三) 常用半固体剂型的种类和特点

（1）软膏剂。是指药物用适宜基质混合，制成容易涂布于皮肤、黏膜或创面的外用半固体剂型。常用基质有凡士林、豚脂、羊毛脂等。

（2）糊剂。指粉末状药物与甘油、液状石蜡等均匀混合制成的半固体剂型。糊剂含药物粉末超过25%，如氧化锌糊剂。

（3）浸膏剂。是生药浸出液经浓缩后的粉状或膏状的半固体或固体剂型。除特别规定外，浸膏剂的浓度每克相当于原药2～5克，如甘草浸膏等。

（4）舔剂。指供内服的粥状或糊状稠度的药剂。制备的辅料有甘草粉、淀粉、糖浆、蜂蜜、植物油等。

(四) 常用固体剂型种类和特点

（1）散剂。是指粉碎较细的一种或一种以上的药物，均匀混合制成的干燥固体剂型。供内服或外用，如健胃散、消炎粉等。

（2）片剂。是指一种或一种以上的药物，经加压制成的扁平而上下面稍凸起的圆片剂型。

（3）胶囊剂。指药物盛于空胶囊中制成的一种剂型。胶囊一般均用明胶为主要原料。

（4）丸剂。指一种或一种以上的药物均匀混合，加水及赋形剂制成球形、椭圆形或卵圆形的丸状剂型。

（5）预混剂。将一种或几种药物与适宜的基质（如碳酸钙、麸皮、玉米粉等）均匀混合制成供添加于饲料的药物添加剂。将其掺入饲料中充分混合，可达到使微量药物成分均匀分散的目的，如马杜霉素预混剂等。

（6）可溶性粉。是由一种或几种药物与助溶剂、助悬剂等辅料组成的可溶性粉末。投入饮水中使药物溶解，均匀分散，供动物饮用，如硫氰酸红霉素可溶性粉等。

（7）微型胶囊。将固体或液体药物包裹于天然或合成的高分子材料而成的直径 1～5 000/微米的微型胶囊。根据临床需要可将微型胶囊制成散剂、胶囊剂、片剂、注射剂及软膏剂等各种剂型的制剂。微型胶囊具有提高药物稳定性、延长药物疗效、掩盖不良气味、降低副作用、减少复方的配伍禁忌等优点。

（五）气雾剂型

气雾剂是指液体或固体药物利用雾化器喷出的微粒状制剂，其粒子直径小于 50/微米，可供吸入作全身治疗、局部外用或进行禽舍消毒等，如二甲硅油气雾剂。

四、合理用药要点

科学、安全、高效地使用兽药，既能及时预防和治疗动物疾病，提高畜牧业经济效益，也能控制和减少药物残留，保证动物产品品质，对提供无公害食品等具有重要意义。科学有效地使用兽药，应把握好以下几个基本环节及原则。

(一) 选购质量可靠、疗效确切的兽药

1. 了解兽药基本常识

兽药优劣可从外观上初步识别,从商标和标签上看,一般合格兽药生产单位生产的兽药,多带有"®"注册商标,标有"兽用"字样,并有省级以上兽药药政管理部门核发的产品生产批准文号,产品的主要成分、含量、作用与用途、用法与用量、生产日期和有效期等内容;从产品本身看,水针剂和油溶剂不合格者,置于强光下观察,可见有微小颗粒或絮状物、杂质等;片剂不合格者,其包装粗糙,手触压片不紧,上有粉末附着,无防潮避光保护等。

2. 选购正规和信誉度较好的兽药生产单位的产品

因为这些单位的生产检测设备和手段相对先进,兽药质量比较稳定;与此相反,由于有的厂家生产设备陈旧,生产工艺简陋,检测手段不健全,产品质量难以保证;有的厂家因受利益驱动,铤而走险,有意制售假劣兽药,等等。因此,在选购兽药时不能只图便宜而不顾质量,并注意观察兽药包装上有无该药品的生产批准文号、厂家地址、生产日期、使用说明及有效期或保质期等内容。如果以上这些内容不全或不规范,则说明该兽药质量值得怀疑,最好不要购买。

3. 了解兽药主要品种的有效成分、作用、用途及注意事项

同一类兽药有多个不同的商品名,购买时要了解该产品的主要成分及含量,掌握其作用、用途、用法及用量等内容。在使用过程中,按照其说明进行使用,尽量避免因过量使用兽药造成药物浪费或畜禽中毒、量小达不到治疗效果的现象。

(二) 在正确诊断的前提下准确用药

用药前,准确判断畜禽病情十分重要,是及时治疗,避免因兽药使用不当而造成疫病防治失败的关键。采用对因治疗和对症的方法,"急则治其标,缓则治其本,标本皆治"的原则用药。防止药没少用,但未起到防治效果,造成不必要的损失和药物浪费、增加饲养成本。根据病因和症状选择药物是减少浪费、降低成本的有

效方法。

(三)安全用药,科学配伍

要根据畜禽的病情,选用安全、高效、低毒的药物。如根据病情需要用两种或两种以上的药物时,要科学配伍使用兽药,可起到增强疗效、降低成本、缩短疗程等积极作用,但如果药物配伍使用不当,将起相反作用,导致饲养成本加大、畜禽用药中毒、动物机体药物残留超标和畜禽疾病得不到及时有效治疗等副作用。

(四)把握科学用药的相关原则

目前,在市场经济条件下,人们日益关注绿色食品。针对畜牧生产中用药存在的问题和实际情况,必须正确认识,克服弊端,努力把握以下五个方面的原则。

1. 预防为主、治疗为辅的原则

由于养殖者对畜禽疾病,特别是传染病方面的认识不足,出现只重治疗、不重预防的现象,这是十分错误的。有的畜禽传染病只能早期预防,不能治疗,如病毒性传染病。所以,对一些病毒性传染病应做到有计划、有目的适时地使用疫苗进行预防,平时注重消毒和防疫,生病时根据实际情况及时采取隔离、扑杀等措施,以防疫情扩散。

2. 对症下药的原则

不同的疾病用药不同;同一种疾病也不能长期使用一种药物治疗,因为长期使用统一种药物,病菌容易产生耐药性。如果条件允许,最好是对分离的病菌做药敏试验,然后有针对性地选择药物,达到"药半功倍"的效果,彻底杜绝滥用兽药和无病用药现象。

3. 适度剂量的原则

防治畜禽疫病,如果剂量用过小,达不到预防或治疗效果,而且容易导致耐药性菌株的产生;剂量用过大既造成浪费、增加成本,又会产生药物残留和中毒等不良反应。所以掌握适度的剂量,对确保防治效果和提高养殖经济效益十分得要。

4. 合理疗程的原则

对常规畜禽疾病来说,一个疗程一般为 3～5 天,如果用药时间过短,起不到彻底杀灭病菌的作用,甚至可能会给再次治疗带来困难;如果用药时间过长,可能会造成药物浪费和残留现象。所以,在防治畜禽疾病时,要把握合理疗程。

5. 正确给药途径的原则

一般情况下对于禽类,由于数量大,能口服的药物最好随饲料给药而不作肌肉注射,不仅方便、省工,而且还可减少因大面积抓捕带来的一些应激反应。而对于猪、牛等大家畜,采用肌肉或静脉注射给药,方便、可靠、快捷;肌肉注射又比静脉注射省时、省力,能肌肉注射的不作静脉注射。在给药过程中,按照规定要求,根据不同药物停药期的要求,在畜禽出栏或屠宰前及时停药,避免残留药物污染食品。

6. 经济效益为首的原则

在用药前要对畜禽的病情有充分的了解,要准确判断疾病的发生、发展和转归,在此基础上制定合理的治疗方案,方案中不但要考虑用什么药,给药途径疗程等内作,还应考虑用药费用、器材和人工的费用,治疗之后畜禽的利用价值。如病情严重无治愈的可能或治疗之后无利用价值,就不必再去治疗,应尽早淘汰。

第二章 给药方法

一、注射法

注射法是将药物直接注入动物体内,可避免胃肠内容物的影响,能迅速发生药效。此法药量较准确且可节省药物。

(一)注射器具

注射时需要注射器及注射针头。兽用注射器有玻璃制与金属制,按其容量有 1.0 毫升、2.0 毫升、5.0 毫升、10.0 毫升、20.0 毫升、50.0 毫升、100.0 毫升等不同规格。

1. 玻璃注射器

玻璃注射器的构造比较简单,由针筒和活塞部分组成。通常在针筒和活塞后端有数字号码,同一注射器针筒和活塞的号码应相同,否则不能使用。有各种规格容量以及偏头、中头之分,用时将活塞套入针筒。多用于猪的耳静脉注射及实验动物的注射。

2. 金属注射器

兽用金属注射器主要用于动物的皮下、肌肉注射,亦可供少量药液静脉推注用。在使用时,先将玻璃管置套筒内,插入活塞,拧紧套筒玻璃管固定螺丝,旋转活塞调节手柄至适当松紧度,即可使用。

3. 连续注射器

连续注射器的结构类似于金属注射器。不同之处在于手柄内有一弹簧装置,每注射一次,手柄可自动复位,并同时吸入药液至玻璃管内,故可作连续注射用。使用时,先将药液相注射器手柄以橡胶管连接,将注射器手柄连续压放数次,药液即可注满玻璃管,然后连接针头,即可连续注射。主要用作预防注射用。

4. 注射针头

针头规格型号甚多,可根据用途选用。兽用一般以号、号针头供大家畜肌肉注射和静脉注射,9 号针头供中、小家畜作肌肉和皮下注射,5 号、7 号、9 号供中、小家畜静脉注射。由于同种动物个体大小差异甚大,注射时深度亦各有差异,故应视具体情况选用。

5. 注射器和针头在使用前应注意

1)应检查针头与基部的连接是否牢固,针筒与活塞是否严密,针头有无弯曲、折裂痕迹,是否锋利。

2)所有注射用具于使用前必须清洗干净并进行消毒(煮沸或高温消毒)备用。使用后,应立即清洗、擦干,置干燥处保存。

3)注射前先将药液抽入注射器内,同时要认真检查药品的质量,有无变质、浑浊、沉淀。如果混注两种以上药液时,应注意有无配伍禁忌。

4)抽完药液后,一定要排出注射器内的气泡。

5)注射时,必须严格执行无菌操作规程。

注射的方法种类很多,其中皮下、肌肉、静脉注射是临床最常用的方法。个别情况下还可做皮内、胸腔、腹腔、气管、瓣胃及眼球结膜等部位的注射。选择用什么方法进行注射,主要应根据药物的性质、数量及牲畜和疾病的具体情况而定。

(二)皮下注射法

1. 应用

将药液注入于皮下结缔组织内,经毛细血管、淋巴管吸收而进入血液循环。因皮下有脂肪层,吸收较慢,一般须经 5~10 分钟呈现药效。

2. 用具

一般选用 2.0~10.0 毫升的注射器,9 号、12 号针头。

3. 部位

应选皮肤较薄而皮下疏松的部位,大动物多在颈侧;猪在耳根后或股内侧;禽类在翼下或颈背部皮下。

4. 方法

动物实行必要的保定,局部剪毛、消毒。术者用左手捏起局部的皮肤,使成一皱褶;右手连接针头的注射器,由皱褶的基部注入(图 2-1),一般针头可刺入 1~2 厘米(如针头刺入皮下则可较自由地拨动);注入需要量的药液后,拔出针头,局部按常规消毒处理。

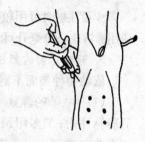

图 2-1 猪的皮下注射

5. 注意事项

刺激性强的药品不能做皮下注射;药量多时,可分点注射,注射后最好对注射部位轻度按摩或温敷。

(三)皮内注射法

(1)应用。主要用于某些变态反应诊断(如牛的结核菌素皮内反应)或做药物过敏试验等。

(2)用具。通常用结核菌素注射器或的小注射器、短针头。

(3)部位。多在颈侧中部。

(4)方法。按常规消毒后,先以左手拇指与食指将术部皮肤捏起并形成皱褶;右手持注射器,使之与皮肤呈 30 度角,刺入皮内约 5 毫米,注入规定量的药液即可。如推注药液时感到有一定阻力且注入药液后局部形成一小球状隆突,即为确实注入于真皮层的标志。拔出注射针,术部消毒,但应避免压挤局部。

(四)静脉注射法

1. 应用

药液直接注入静脉内,随血液而分布全身,可迅速发生药效。当然其排泄也快,因而在体内的作用时间较短;能容纳大量的药液,并可耐受(被血液稀释)刺激性较强的药液(如氯化钙、水合氯醛等）。主要用于大量的补液、输血；注入急需奏效的药物（如急救强心等）；注射刺激性较强的药物等。

2. 用具

少量注射时可用较大的（50.0～100毫升）注射器，大量输液时则应用输液瓶（500毫升）和一次性输液胶管。

3. 静脉注射的部位及方法

依动物种类而不同。

（1）牛、羊的静脉注射。多在颈静脉实施，个别情况也可利用耳静脉注射；羊多用颈静脉。由于牛的皮肤较厚，所以刺入时，应用力并突然刺入。其方法为：局部剪毛、消毒，左手拇指压迫颈静脉的下方，使颈静脉怒张；明确刺入部位，右手持针头瞄准该部后，以腕力使针头近似垂直地迅速刺入皮肤及血管，见有血液流出后，将针头顺入血管1～2厘米，接连注射器或输液胶管，即可注入药液。

（2）猪的静脉注射。常用耳静脉或前腔静脉。耳静脉注射法：将猪站立或横卧保定，耳静脉局部按常规消毒处理。

一人用手指捏压耳根部静脉处或用胶带于耳根部结扎，使静脉充盈、怒张（或用酒精棉反复于局部涂擦以引起其充血）；术者用左手把持猪耳，将其托平并使注射部位稍高；右手持连接针头的注射器，沿耳静脉管使针头与皮肤呈30～45度角，刺入皮肤及血管内，轻轻抽活塞手柄如见回血即为已刺入血管，再将注射器放平并沿血管稍向前伸入（图2-2）；解除结扎胶带或撤去压迫静脉的手指，术者用左手拇指压住注射针头。另手徐徐推进药液，注完为止。

前腔静腔注射法：可应用于大量的补液或采血。

注射部位在第一肋骨与胸骨柄结合处的直前。由于左侧靠近膈神经而易损伤，故多于右侧进行注射。针头刺入方向呈近似垂直并稍向中央及胸腔方向，刺入深度依猪体大小而定，一般在2～6厘米，依此而选用适宜的16～20号针头。注射时，猪可取仰卧保

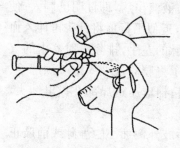

图 2-2 猪的耳静脉注射

定或站立保定。

站立保定时,针头刺入部位在右侧由耳根至胸骨柄的连线上,距胸骨端 1～3 厘米;稍斜向中央并刺向第一肋骨间胸腔入口处,边刺入边回血,见有回血即标志已刺入并可注入药液(图 2-3)。

猪取仰卧保定时,可见其胸骨柄向前突出并于两侧第一肋骨与胸骨接合处的直前、侧方各见一个明显的凹陷窝(图 2-4)。用手指沿胸骨柄两侧触诊时更感明显,多在右侧凹陷处进行穿刺注射。仰卧保定并固定其前肢及头部。局部消毒后,术者持接有针头的注射器,由右侧沿第一肋骨与胸骨接合部前侧方的凹陷处刺入,并稍偏斜刺向中央及胸腔方向,边刺边回血,见回血后即可徐徐注入药液;注完后拔出针头,局部按常规消毒处理。

图 2-3 猪站立保定时前腔静脉注射

图 2-4 猪仰卧保定时前腔静脉位置

(3)马的静脉注射。多在颈静脉实施,特殊情况下可在胸外静脉进行。

颈静脉注射多在颈上及颈中 1/3 部的交界处进行。柱栏保定,使马颈部稍前伸并稍偏向对侧,局部进行剪毛、消毒。术者用左手拇指(或食指与中指)在注射部位稍下方(近心端)压迫静脉管,使之充盈、怒张。右手持注射针头,沿颈静脉使与皮肤呈 45 度角,迅速刺入皮肤及血管内。见有血液流出后,即证明已刺入;使针后端靠近皮肤,以减小其间的角度,近似平行地将针头再伸入血管内1～2厘米(图2-5)撒开压迫静脉的左手,排除注射器内的气泡,连接注射器或输液胶管,并用夹子将胶管近端固定于颈部毛、皮上,徐徐注入药液。注完后,以酒精棉球压迫局部并拔出针头,再以5%碘酊行局部消毒。

(4)犬、猫的静脉注射:犬多在后肢外侧面小隐静脉或前肢正中新脉实施。

猫多用后肢内侧面大隐静脉。

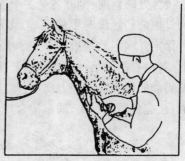

图2-5　马的静脉注射

后肢外侧面小隐静脉注射法。此静脉在后肢脏部下1/3的外侧浅表皮下。由助手将两侧卧保定,局部剪毛、消毒。用胶皮带绑犬股部,或由助手用手紧挨股部,即可明显见到此静脉(图2-6)。右手持连有胶管的针头,将针头向血管旁的皮下先刺入。而后与血管平行刺入静脉,接上注射

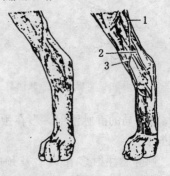

图2-6　犬后肢外侧小隐静脉走向

器回抽。如见回血,将针尖顺血管腔再刺进少许,撤去静脉近心端的压迫,然后注射者一手固定针头,一手徐徐将药液注入静脉(图2-7)。

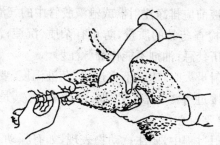

图 2-7　犬后肢外侧小隐静脉注射法

前肢正中静脉注射法。此静脉比后肢小隐静脉还粗一些,而且比较容易固定,因此一般静脉注射或取血时常用此静脉。注射方法同前述的后肢小隐静脉注射法(图 2-8)。

猫后肢内侧面大隐静脉注射法。此静脉在后肢膝部内侧浅表的皮下。助手将猫背卧后固定,伸展后肢向外拉直,暴露腹股沟,仆腹股为三角区附近,先用左手中指、食指探摸股动脉跳动部位,将仆其下方剪毛消毒;然后右手取连有 $5\frac{1}{2}$ 号针

图 2-8　犬前肢正中静脉注射法

头的注射器,针头由跳动的股动脉下方直接刺入大隐静脉管内。注射方法同犬的后肢小隐静脉注射法。

4. 静脉注射的注意事项

1)应严格遵守无菌操作规程,对所有注射用具、注射局部,均应严格消毒。

2)要看清注射局部的脉管,明确注射部位,防止乱扎,以免局部血肿。

3)要注意检查针头是否通顺,当反复穿刺时,针头常被血凝块堵塞,应随时更换。

4)针头刺入静脉后,要再顺入 1～2 厘米,并使之固定。

5)注入药液前应排净注射器或输液胶管中的气泡。

6)要注意检查药品的质量,防止有杂质、沉淀;混合注入多种药液时注意配伍禁忌;油剂不能作静脉注射。

7)静脉注射量大时,速度不宜过快;药液温度,要接近于体温;药液的浓度以接近等渗为宜;注意心脏功能,尤其是在注射含钾、钙等药液时,更要当心。

8)静脉注射过程中,要注意动物表现,如有骚动不安、出汗、气喘、肌肉战栗等现象时应及时停止;当发现注射局部明显肿胀时,应检查回血,如针头已滑出血管外,则应整顺或重新刺入。

9)若静脉注射时药液外漏,可根据不同的药液,采取相应的措施处理:

立即用注射器抽出外漏的药液。

如为等渗溶液,不需处理。如为高渗盐溶液,则应向肿胀局部及器围注入适量的灭菌蒸馏水,以稀释之。

如为刺激性强或有腐蚀性的药液,则应向其周围组织内,注入生理盐水;如为氯化钙溶液可注入 10%硫酸钠液或 10%硫代硫酸钠溶液 10～20 毫升,使氯化钙变为无刺激性的硫酸钙和氯化钠。

10)局部可用 5%～10%硫酸镁溶液进行温敷,以缓解疼痛;如为大量药液外漏,应作早期切开,并用高渗硫酸镁溶液引流。

(五)肌肉注射法

1. 应用

肌肉内血管丰富,药液吸收较快,一般刺激性较强、吸收较难的药剂(如水剂、乳剂、油剂的青霉素等)均可注射;多种疫苗的接种,常作肌肉注射。因肌肉组织致密,仅注入较小的剂量。

2. 用具

一般的注射器具。

3. 部位

选肌肉层厚并应避开大血管及神经干的部位。大动物多在颈侧、臂部,猪在耳后、臀部或股内部,禽类在胸肌或大腿部肌肉(图2-9)。

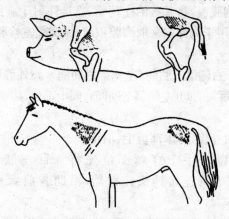

图2-9 猪、马的肌肉注射部位

4. 方法

动物保定,局部按常规消毒处理。术者左手固定于注射局部,右手持连接针头的注射器,与皮肤呈垂直的角度,迅速刺入肌肉(图2-10),一般刺入深度可至2~4厘米;改用左手持注射器,以右手推动活塞手柄,注入药液;注毕,拔出针头,局部进行消毒处理。为安全起见,对大家畜也可先以右手持注射针头,直接刺入局部,然后以左手把住针头和注射器,右手推动活塞手柄,注入药液。

5. 注意事项

为防止针头折断,刺入时应与皮肤呈垂直的角度并且用力的方向应与针头方向一致;注意不可将针头的全长完全刺入肌肉中,一般只刺入全长的2/3即可,以防折断时难于拔出;对强刺激性药物不宜

图2-10 猪的肌肉注射部位

采用肌肉注射,注射针头如接触神经时,动物骚动不安,应变换方

向,再注药液。

(六) 胸腔注射法

1. 应用

为治疗胸膜炎,将某些治疗药物,直接注射于胸腔中兼起局部治疗作用;或用于胸穿刺采取胸腔积液,做实验室检验诊断。

2. 部位

反刍兽于右侧第五肋间(左侧第六肋间),胸外静脉上方 2 厘米处;马于右侧第六肋间(左侧第七肋间);同上部位;猪则于第七肋间。

3. 方法

1)动物站立保定,术部剪毛、消毒。

2)术者以左手于穿刺部位先将局部皮肤稍向前扯动1~2 厘米;右手持连接针头注射器,沿肋骨前缘垂直刺入(深度3~5 厘米)。

3)注入药液(或吸取积液)后,拔出针头;使局部皮肤复位,并进行消毒处理。

4. 注意事项

注射过程中应防止空气窜入胸腔。

(七) 腹腔注射法

1. 应用

由于腹膜腔能容纳大量药液并有吸收能力,故可做大量补液,常用于猪、犬及猫。

2. 部位

牛在右侧胅窝部;马在左侧胅窝部;较小的猪则宜在两侧后腹部。

3. 方法

1)将猪两后肢提起,做倒立保定(图2-11);局部剪毛、消毒。

2)术者一手把握猪的腹侧壁;另一手持连接针头的注射器(或仅取注射针头)于距耻骨前缘 3~5 厘米处的中线旁,垂直刺入(2~3 厘米)。

3)注入药液后,拔出针头,局部消毒处理。

4.注意事项

腹腔注射宜用无刺激性的药液;如药液量大时,则宜用等渗溶液,并将药液加温至近似体温的程度。

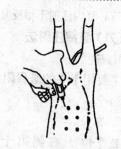

图 2-11 猪的腹腔注射法

(八) 心脏内注射法

1.应用

当病畜心脏功能急剧衰竭,静脉注射急救无效时,可将强心剂直接注入心脏内,抢救病畜。此外,还应用于家兔、豚鼠等实验动物的心脏直接采血。

2.用具

大动物用 15~20 厘米长的针头,小动物用一般注射针头。

3.部位

牛在左侧肩端水平线下,第四至五肋间;马在左侧肩端水平线的稍下方,第五至六肋间;猪在左侧肩端水平线下第四肋间。

4.方法

以左手稍移动注射部位的皮肤然后压住,右手持连接针头的注射器,垂直刺入心外膜,再进针 3~4 厘米可达心肌。当针头刺入心肌时有心搏动感,注射器摆动,继续刺针可达左心室内,此时感到阻力消失。拉引针筒活塞时回流暗赤色血液,然后徐徐注入药液,很快进入冠状动脉,迅速作用于心肌,恢复心脏机能。注射完毕,拔出针头,术部涂碘酊。用碘仿火棉胶封闭针孔。

5.注意事项

1)动物确实保定,操作要认真。

2)刺入部位要准确,以防损伤心肌。

3)注入药液时,可配合人工呼吸。

4)注入过急,可引起心肌的持续性收缩,易诱发急性心搏动停止。因此,必须缓慢注入药液。

5)心脏内注射不得反复应用,此种刺激可引起传导系统发生障碍。

(九) 皱胃注射法

1. 应用

主要用于牛的皱胃阻塞或变位的诊断,另外,也可用于皱胃疾病的治疗。

2. 部位

皱胃位于右侧第十二、十三肋骨后下缘,选此处为穿刺点(图2-12)。

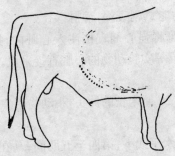

图2-12　牛的皱胃注射部位

3. 方法

1)牛站立保定,局部剪毛、消毒。

2)取长15厘米(16～18号)针头,针头穿透上述穿刺点皮肤,朝向对侧肘突刺入5～8厘米深度,有坚实感觉,即表明已刺入皱胃,先注入生理盐水注射液50～100毫升,立即回抽注入液,其中混有胃内容物,pH为1～4,即可抽皱胃内容物检验,或注入所需药物。

4. 注意事项

保定要确实,注药前或骚动后一定要鉴定针头确实在皱胃内,方可再注入药物。

(十) 乳房注入法

1. 应用

将药液通过乳管注入乳池内,主要用于奶牛、奶山羊的乳房炎治疗。

2. 用具

乳导管（或尖端磨得光滑的针头），50～100 毫升注时器或注入瓶。

3. 方法

1）动物站立保定，挤净乳汁，乳房外部洗净、拭干，用 70％酒精消毒乳头。

2）以左手将乳头握于掌内并轻轻下拉，右手持乳导管自乳头开口徐徐导入（图 2-13）。

3）再以左手把握乳头及导管，右手持注射器，使与导管结合，徐徐注入药液。

4）注毕，拔出乳导管；以左手拇指紧捏乳头开口，止药液流出；并用右手进行乳房的按摩，使药液敞开。

4. 注意事项

1）如无特制乳导管，所用针头的尖端一定要磨平、光滑，以免损伤乳管黏膜。

2）注射前挤净乳汁，注后要充分按摩，注药期间不要挤乳。

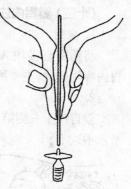

图 2-13 乳房注入法

3）根据病情（如以奶牛乳热的治疗），有时可用乳房送风器注入滤过的空气。

（十一）气管内注射法

1. 应用

气管内注射是一种呼吸道的直接给药方法。宜用于肺部的驱虫及气管与肺部疾病的治疗。主要用于猪或羊。

2. 部位

在颈上部，气管腹侧正中，两个气管软骨环之间。

3. 方法

1）动物行仰卧或侧卧（可使病侧肺部向下的方式侧卧）保定，

使前躯稍高于后躯;局部剪毛、消毒。

2)术者持连接针头的注射器,于气管软骨环间垂直刺入(图2-14);缓缓注入药液,如遇动物咳嗽,则宜暂停;注毕拔出针头,局部消毒处理。

4.注意事项

注前宜将药液加温至近似体温程度,以减轻刺激;为避免咳嗽,可先注入2‰普鲁卡因液2～5毫升,后再注入所需药液。

图2-14 猪的气管注射法

(十二)瓣胃内注射法

1.应用

将药物直接注入瓣胃中,可使瓣胃内容物软化,主要用于治疗牛的瓣胃阻塞。

2.部位

瓣胃位于右侧第7～10肋间;穿刺点应在右侧第九肋间,肩关节水平线上、下2厘米的部位(图2-15)。

3.方法

1)动物站立保定,局部剪毛、消毒。

2)术者取长15厘米(16～18号)针头,垂直刺入皮肤后,针头朝向左侧肘突(左前下方)方向刺入深8～10厘米(刺入瓣胃内时常有沙沙感);为证实是否刺入瓣胃内,可先接注射器回拍之(如见有血液或胆汁系刺入肝脏或胆囊之症,可能是位置过高或针头朝向上方的结果,应拔出针头,另

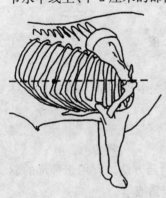

图2-15 牛的瓣胃注射部位

行偏向下方刺入)或以注射器注入少量(20～50毫升)生理盐水并再回抽,如见混有草屑之胃内容物抽回,即为确实之证,可注入所

需药物。注毕,迅速拔针,局部进行消毒处理。

4. 注意事项

保定应确实,注意安全;注药前或骚动后一定要鉴定针头确在瓣胃内,再行注入药物。

二、投药法

治疗畜禽疾病的一些药物需经口投服。如病畜尚有食欲、药量少且无特殊气味,可将其混入饲料或饮水中使之自然采食。但药物大多味苦,且有特殊气味,病畜常不自愿采食,尤其是危重病畜,饮食欲废绝,故必须采用适宜的方法投服。

投药的方法很多,主要根据药物的剂型、剂量及有无刺激性和动物种类及病情的不同而选择之。

(一) 片剂、丸剂、舔剂投药法

1. 应用片

以片、丸状或粉末状的药物以及中药的饮片或粉末,尤其对苦味健胃剂,常用面粉、糠麸等赋形药制成糊剂或舔剂,经口投服以加强健胃的效果。

2. 用具

舔剂一般可用光滑的木板或一竹片;丸剂、片剂可徒手投服,必要时用特制的丸剂投药器。

3. 方法

动物一般站立保定(图 2-16)。对牛、马,术者用一手从一侧口角伸入打开口腔,对猪则用木棍撬开口腔;另手持药片、药丸或用竹片刮取舔剂自另侧口角送入其舌背部。取出木棒,口腔自然闭合,药物即可咽下。如有丸剂投药器,则事先将药丸装入投药器内;术者持投药器自动物一侧口角伸入并送向舌根部,迅即将药丸打(推)出;抽出投药器,待其自行咽下。必要时投药后灌饮少量的水。

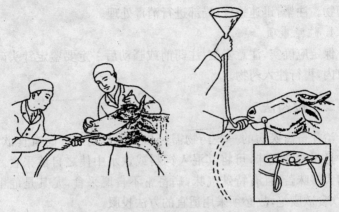

图 2-16　牛的胃管插入及投药

(二) 灌角及药瓶投药法

1. 应用

灌角及药瓶投药法，是将药物用水溶解或调成稀粥样，以及中草药的煎剂等装入灌角或药瓶等灌药器内经口投服。各种动物均可应用。

2. 用具

灌角、竹筒、橡皮瓶或长颈酒瓶；盛药盆等。

3. 方法

具体方法依动物种类及用具不同而异。

图 2-17　牛橡皮瓶或酒瓶灌药法

（1）牛的灌药法（图 2-17）。多用橡皮瓶或长颈酒瓶，或以竹筒代用。一人牵住牛绳、抬高牛头或紧拉鼻环或握住鼻中隔使牛头抬起，必要时使用鼻钳进行保定。术者左手从牛的一侧口角插入、打开口腔并轻压舌头；右手持盛满药液的药瓶自另侧口角伸入并送向舌背部,抬高药瓶后部轻轻振抖,并轻压橡皮瓶使药液流出;吞咽中继续灌服直至灌完。

(2)猪的灌药法。较小的猪灌服少量药液时可用药匙(汤匙)或注射器(不接针头)。较大的猪,若药量大可用胃管投入,亦很方便、安全。灌药时由一人将猪的两耳抓住,把猪头略向上提,使猪的口角与眼角连线近水平,并用两腿夹住猪背腰部。另一人用左手持木棒把猪嘴撬开,右手用汤匙或其他灌药器,从舌侧面靠颊部倒入药液,待其咽下后,再灌第二匙;如含药不咽,可摇动口里的木棒,刺激其咽下。

(三)饲料、饮水及气雾给药法

1. 拌料给药

这是现代集约化养殖业中最常用的一种给药途径。即将药物均匀地拌入料中,让畜禽采食时,同时吃进药物。该法简便易行,节省人力,减少应激,效果可靠,主要适用于预防性用药,尤其适应于长期给药。但对于病重的畜禽,当其食欲下降时,不宜应用。在应用这种方法时,通常应注意:

准确掌握其拌料浓度按照拌料给药标准,准确、认真计算所用药物剂量,若按畜禽每千克体重给药,应严格按照个体体重,计算出畜禽群体体重,再按照要求把药物拌进料内。应特别注意拌料用药标准与饲喂次数相一致,以免造成药量过小起不到作用或药量过大引起畜禽中毒的现象发生。

确保用药混合均匀在药物与饲料混合时,必须搅拌均匀,尤其是一些安全范围较小的药物,以及用量较少的药物,如呋喃唑酮、喹乙醇等,一定要均匀混合。为了保证药物混合均匀,通常采用分级混合法,即把全部用量的药物加到少量饲料中,充分混合后,加到一定量饲料中,再充分混匀,然后再拌入到计算所需的全部饲料中。大批量饲料拌药更需多次逐步分级扩充,以达到充分混匀的目的。切忌把全部药量一次加入到所需饲料中,简单混合法会造成部分畜禽药物中毒而大部分畜禽吃不到药物,达不到防止疾病的目的或贻误病情。

密切注意不良作用有些药物混入饲料后,可与饲料中的某些成分发生拮抗作用。这时应密切注意不良作用,尽量减少拌药后不良反应的发生,如饲料中长期混合磺胺药物,就容易引起鸡维生素缺乏。这时就应适当补充这些维生素。

2. 饮水给药

饮水给药也是比较常用的给药方法之一,它是指将药物溶解到畜禽的饮水中,让畜禽在饮水时饮入药物,发挥药理效应,这种方法常用于预防和治疗疾病。尤其在畜禽发病,食欲降低而仍能饮水的情况下更为适用,但所用的药物应是水溶性的,除注意拌药给药的一些事项外还应注意:

药前停饮,保证药效对于一些在水中不容易被破坏的药物,可以加入到饮水中,让畜禽长时间自由饮用;而对于一些容易被破坏或失效的药物,应要求畜禽在一定时间内都饮入定量的药物,以保证药效。为达到目的,多在用药前,让畜(禽)群停止饮水一段时间。一般寒冷季节停饮,气温较高季节停饮,然后换上加有药物的饮水,让畜禽在一定时间内充分喝到药水。

准确认真、按量给水为了保证全群内绝大部分个体在一定时间内都能喝到一定量的药水,不至由于剩水过多造成吸入个体内药物剂量不够,或加水不够,饮水不均,某些个体缺水,而有些个体饮水过多,就应该严格掌握畜禽一次饮水量,再计算全群饮水量,用一定系数加权重,确定全群给水量,然后按照药物浓度,准确计算用药剂量,把所需药物加到饮水中以保证药饮效果。因饮水量大小与畜禽的品种,畜禽舍内的温度、湿度,饮料性质,饮养方法等因素密切相关,所以畜禽群体不同时期饮水量不尽相同。

合理施用、加强效果一般来说,饮水给药主要适用于容易溶解在水中的药物,对于一些不易于溶解的药物可以采用适当的加热、加助溶剂或及时搅拌的方法,促进药物溶解,以达到饮水给药的目的。

3. 气雾给药

气雾给药是指使用能使药物气雾化的器械,将药物分散成一定直径的微粒,弥散到空间中,让畜禽通过呼吸作用吸入体内或作用于畜禽皮肤、黏膜及羽毛的一种给药方法。也可用于畜禽群消毒。使用这种方法时,药物吸收快,作用迅速,节省人力,尤其适用于现代化大型养殖场,但需要一定的气雾设备,且畜禽舍门窗应能密闭。同时,使用药物时,不应使用有刺激性药物,以免引起畜禽呼吸道发炎。一般地讲,应用气雾给药时应注意:

恰当选择气雾用药,充分发挥药物效能为了充分利用气雾给药的优点,应该恰当选择所用药物。并不是所有的药物都可通过气雾途径给药,可应用于气雾途径的药物应该无刺激性,容易溶解于水。对于有刺激的药物不应通过气雾给药。同时还应根据用药目的不同,选用吸湿性不同的药物。若欲使药物作用于肺部,应选用吸湿性较差的药物,而欲使药物作用于呼吸道,就应选择吸湿性较强的药物。

准确掌握气雾剂量,确保气雾用药效果。在应用气雾给药时,不要随意套用拌料或饮水给药浓度。为了确保用药效果,在使用气雾给药前应按照畜禽舍空间情况,使用气雾设备要求,准确计算用药剂量,以免过大或过小,造成不应有的损失。

严格控制雾粒大小,防止不良反应发生在气雾给药时,雾粒直径大小与用药效果有直接关系。气雾微粒越细,越容易进入肺泡内,但与肺泡表面的黏着力小,容易随呼气排出,影响药效。但若微粒越大,则不易进入肺泡内,容易落在空间或停留在动物的上呼吸道黏膜,也不能产生良好的用药效果。同时微粒过大,还容易引起畜禽的上呼吸道炎症。此外,还应根据用药目的,适当调节气雾微粒直径。如要使药物达到肺部,就应使用雾粒直径小的雾化器。反之,要使药物主要作用于上呼吸道,就应选用雾粒较大的雾化器。通过大量试验证实,进入肺部的微粒直径 0.5～5 微米。雾粒直径大小主要是由雾化设备的设计功效和用药距离所决定。

(四) 胃管投药法

1. 应用

当水剂药量较多,药品带有特殊气味,经口不易灌服时,一般都需用胃管经鼻道或口腔投给。此外胃导管亦可用于食道探诊(探查其是否畅通)、瘤胃排气、抽取胃液或排出胃内容物及洗胃,有时用于人工喂饲。

2. 用具

软硬适宜的橡皮管或塑料管,依动物种类不同而选用相应的口径及长度,特制的胃管其末端闭塞而于近末端的侧方设有数个开口者,更为适宜。漏斗或打药用的加压泵,插胃管用的开口器。

3. 方法

牛可经口或经鼻插入胃管。经口插入时,先将牛进行必要的保定,并给牛戴上木质开口器,固定好头部。将胃管涂润滑油后,自开口器的孔内送入,尖端到达咽部时,牛将自然咽下。确定胃管插入食管无误后,接上漏斗即可灌药。灌完后慢慢抽出胃管,并解下开口器。

图 2-18 猪的胃管投药

猪经口插入胃管(图 2-18)。先将猪进行保定,视情况而采取直立、侧卧或站立方式。一般多用侧卧保定。用开口器将口打开(无开口器时,可用一根木棒中央钻一孔),然后将胃管沿孔向咽部插入。当胃管前端插至咽部时,轻轻抽动胃管,引起吞咽动作,并随吞咽插入食道。判定胃管确实插入食道后,接上漏斗即可灌药。灌完后慢慢抽出胃管,并解下开口器。

4. 胃管插入食道的判断

如何判断胃管是否插进食道,检验方法很多,无论使用何种检查方法,都必须综合加以判定和区别,防止发生判断上的错误。主要检验方法见表 2-1。

表 2-1   胃管插入食道或气管的鉴别要点

鉴别方法	插入食道内	插入气管内
胃管送入时的感觉	插入时稍感前送有阻力	无阻力
观察咽、食道及动物的动作	胃管前端通过咽部时可引起吞咽动作或伴有咀嚼,动物表现安静	无吞咽动作,可引起剧烈咳嗽,动物表现不安
触诊颈沟部	可摸到在食道内有一坚硬探管	无
将胃管外端放耳边听诊	可听到不规则的咕噜声,但无气流冲耳	随呼气动作而有强力的气流冲耳
用鼻嗅诊胃管外端	有胃内酸臭味	无
观察排气与呼气动作	不一致	一致
接橡皮球打气或捏扁橡皮球后再接于胃管外端	打入气体时可见颈部食道呈波动状膨起,接上捏扁的橡皮球后不再鼓起	不见波动状膨起,橡皮球迅速鼓起
用嘴吹入气体	随气流吹入,颈沟部可见明显波动	不见波动
将胃管外端浸水盆内	水内无气泡发生	随呼气动作,水内有规则地出现气泡

5. 注意事项

胃管使用前要仔细洗净、消毒,涂以滑润油或水,使管壁滑润,插入、抽动时不宜粗暴,要小心、徐缓,动作要轻柔。有明显呼吸困难的病畜不宜用胃管,有咽炎的病畜更应禁用。

应确实证明插入食道深部或胃内后再灌药;如灌药后引起咳嗽、气喘,应立即停灌;如中途因动物骚动使胃管移动、脱出亦应停灌,待重新插入并确定无误后再行灌药。

经鼻插入胃管,可因管壁干燥或强烈抽动,损伤鼻、咽黏膜,引起鼻、咽黏膜肿胀、发炎等;导致鼻出血(尤其在马多见),应引起高度注意。如少量出血,不久可自停;出血很多时,可将动物头部适当高抬或吊起,进行鼻部冷敷,或用大块纱布、药棉暂堵塞一侧鼻腔;必要时宜配合应用止血剂、补液乃至输血。

6. 药物误投入肺的表现及其抢救措施

药物误投入动物呼吸道后的表现:突然出现骚动不安,频繁的咳嗽,并随咳嗽而有药液从口、鼻喷出;呼吸加快,呼吸困难,鼻翼开张或张口呼吸;继则可见肌肉震颤、大出汗,黏膜发绀,心跳加快、加强;数小时后体温可升高,肺部出现啰音,并进一步呈异物性肺炎的症状。当灌入大量药液时,甚至可造成动物的窒息或迅速死亡。

抢救措施:在灌药过程中,应密切注意动物表现,发现异常,立即终止;使动物低头,促进咳嗽,呛出药物;应用强心剂或给以少量阿托品以兴奋呼吸;同时应大量注射抗生素制剂;如经数小时后,症状减轻,则应按疗程规定继续用药,直至恢复。

第三章 消毒药

一、消毒药概述

一般来说,消毒药是指能迅速杀灭病原微生物的药物。防腐药是指能抑制微生物繁殖的药物。但这两类药物之间并没有严格的界限。消毒药在低浓度时也有抑菌作用,而防腐药在高浓度时也能杀菌。因此,一般总称为消毒防腐药。

(一)消毒药的作用机理

消毒药的种类很多,它们的杀菌或抑菌机理也各有不同,有的能使病原体蛋白变性,发生沉淀;有时和病原体的酶系统结合,影响菌体代谢;有的具有氧化作用,可氧化细菌体内的活性部分而产生杀菌作用;有时则能降低细菌表面张力,增加菌体细胞膜的通透性,使细胞分裂或溶解。总之都可能抑制微生物的生物繁殖,甚至导致病原体死亡。

(二)影响消毒药效果的因素

消毒药的抗菌作用不仅决定于其本身的理化性质,而且还受许多因素的影响,例如,药物浓度和作用时间。药物浓度越高,作用时间越长,效果越好,但对组织刺激性也越大。而浓度太低,接触时间太短又不能达到抑菌杀菌的目的。因此,要选取合适浓度的药物与充分的作用时间。药物的溶媒也很重要,如苯酚水溶液有强大的杀菌作用,而其甘油或油溶液则作用很弱。有机物(如含有大量蛋白质的分泌物,伤口脓血等)的存在,能降低重金属盐等药物的效力,例如,用高锰酸钾对分泌物进行消毒,由于分泌物内有大量蛋白质存在,其杀菌作用必然减弱。微生物本身对药物的敏感性也不同,如病毒一般对酚类耐药,对碱类敏感。处于生长繁殖期的细菌易受消毒药的影响,而细菌的芽孢则较难杀灭。一些药物之间互有影响,如阳离子和阴离子表面活性剂共用,可使消毒作用减弱,乃至消除。具体来说有以下因素。

(1)环境中有机物质的影响。当环境中存在大量的有机物,如畜禽的粪、尿、血、炎性渗出物等时,能阻碍消毒药物与病原微生物的直接接触,而影响消毒药效力的发挥。另一方面,由于这些有机物往往能中和或吸附部分药物,也使消毒作用减弱,因此在消毒药物使用前,应对畜禽养殖场所进行充分的机械性清扫,清除物品表面的有机物,使消毒药能够充分发挥作用。

(2)微生物敏感性的影响。不同的病原微生物对消毒药的敏感性有明显的不同。例如,病毒对碱和甲醛很敏感,而对酚类药物的抵抗力却很大;大多数的消毒药对细菌有作用,但对细菌的芽孢和病毒作用很小。因此在消灭传染病时应考虑病原微生物的特点,选用不同的消毒药。

(3)消毒药浓度的影响。一般说来,消毒药的浓度愈高,杀菌力也就越强,但随着药物浓度的增高,对组织的毒性也就相应地增大了。同时,当浓度达到一定程度后,消毒药的效力就不再增高。因此,在使用中应选择有效和安全的杀菌浓度,例如,75%的酒精杀菌效果要比95%的酒精好。

(4)消毒药温度的影响。消毒药的杀菌力与温度成正比,温度升高,杀菌力增强,因而夏季消毒作用要比冬季消毒作用强。水温一般控制在30~45℃。

(5)消毒药消毒时间长短的影响。一般情况下,消毒药的效价与作用时间成正比。与病原微生物接触时间越长作用越明显,其消毒效果就越好;如果作用时间短,往往达不到彻底消毒的目的。

(三)常见消毒方法

常用消毒方法大致有物理消毒法、生物消毒法及化学消毒法三种。物理消毒法如自然净化、机械除菌和紫外线辐射等,是用物理因素杀灭或消除病原微生物;生物学消毒法如生物热消毒技术和生物氧化消毒技术等,是利用某些生物消灭致病微生物,多用于大规模废物及粪便的卫生处理。而化学消毒法是用化学药品进行消毒的方法,在养殖业中最为常用。化学消毒法主要分为以下三类。

(1)临时消毒。指发生传染病时,为及时杀灭或清除传染源排出的病原微生物,对疫源地进行的消毒。消毒的对象,包括病禽停留场所、禽舍、病禽的排泄物、剩余饲料、管理用具等。

(2)预防性消毒。是在无传染病时,结合平时的饲养管理,对可能受到病原体污染的场所和物品进行定期消毒,以达到预防传染病的目的。

(3)终末消毒。是指在病禽解除隔离、痊愈或死亡后,或者在疫区解除封锁前,为彻底地消灭病原体,对禽体、禽舍及病禽周围的一切物品进行的最后消毒,一般只进行一次。

(四)使用消毒药的注意事项

(1)充分了解各种消毒药的特性。消毒药的种类很多,尽管没有严格的抗菌谱,但每种消毒药都有其特点,不同的消毒药有不同的消毒效果和使用方法。

(2)必须先清理后消毒。动物的排泄物和分泌物影响消毒效果,在消毒前要先清理粪便、尿液及其他杂物,必要时要进行彻底清洗。

(3)正确的消毒浓度。各种消毒药在使用时必须根据其标识的浓度使用,过浓则毒性、刺激性大,且经济上造成浪费,过稀则无效或不理想,稀释过的消毒药应一次用完,原液应贮存在冷暗处。

(4)保证消毒药对病原体的作用时间。如果时间太短则起不到消灭病原微生物的目的。

(5)不可混用消毒药。混用只会降低消毒效果,若需要几种消毒药,则单独使用一种数天后调换另一种。

（6）不要长期使用同一种消毒药。每种消毒药各具特性，其难杀灭的病原种类也一定，长久单独使用同一种消毒药，可能使一些该种消毒剂无法杀灭的病原体大量繁殖。因此，应定期更换几种消毒药。

（7）树立正确的消毒观念。消毒不是万能的，它只是综合防治手段中的措施之一，必须结合检疫、免疫，环境控制、生物安全措施及卫生保健等一起实施，切不可因消毒后而忽视其他措施。

（8）消毒药的选择。应根据不同的消毒对象或消毒目的选择不同的消毒药（表3-1）。

表3-1　消毒药选用一览表

消毒对象	选用药物
舍内空气消毒	高锰酸钾、甲醛、过氧乙酸、乳酸、戊二醛、二氧化氯、次氯酸钠
饮水消毒	漂白粉、氯胺叮、百毒杀、二氧化氯、二氯异氰尿酸钠、三氯异氰尿酸、聚乙烯酮碘
地面消毒	石灰乳、漂白粉、草木灰、氢氧化钠、复合酚、二氯异氰尿酸钠
运动场地消毒	漂白粉、石灰乳、复合酚、二氯异氰尿酸钠
消毒池	氢氧化钠、石灰乳
饲养设备消毒	漂白粉、过氧乙酸、聚乙烯酮碘、二氯异氰尿酸钠、新洁尔灭
带禽消毒	过氧乙酸、二氧化氯、二氯异氰尿酸钠、三氯异氰尿酸、聚乙烯酮碘
种蛋消毒	过氧乙酸、新洁尔灭、甲醛、百毒杀、二氧化氯、二氯异氰尿酸钠、次氯酸钠、氯胺-T
粪便消毒	漂白粉、生石灰、草木灰、复合酚、二氯异氰尿酸

合理使用消毒药是防治动物疫病流行的有效手段。针对不同类型的消毒物体，应分别选择理想的消毒药。理想的消毒药应该是：杀菌性能好，作用迅速；对人畜和物品无损害；性质稳定，可溶于水，无易燃易爆性；价格低廉，易购得。但是，现有的消毒药都存在一定的缺陷，还没有一种消毒药在任何条件下能够杀死所有的病原微生物。

二、消毒药的种类

（一）消毒药的常见分类

1. 含氯消毒剂

通过在水中产生的次氯酸发挥其杀菌活性，对细菌和病毒都有强大的杀灭作用，高浓度时可杀死芽孢。所产生的次氯酸浓度愈高，则杀菌作用愈强；pH 值偏酸性时，杀菌作用增强。杀菌力与有效氯的浓度和温度成正比，与有机物浓度成反比；氯溶液中含有少量的碘或溴，能增强其杀菌力。有机含氯消毒剂，如二氯异氰尿酸钠、二（三）氯异氰尿酸、氯胺-T、二氯二甲基海因、四氯甘脲氯脲等；无机含氯消毒剂，如漂白粉、漂（白）粉精（高效次氯酸钙）、次氯酸钠、氯化磷酸三钠等。本类消毒剂可用于饮水、环境、工具等消毒，但绝大多数刺激性强，无表面活性作用，长期使用，易对呼吸道、眼睛等造成破坏，对金属设施及用具也有一定的腐蚀性。

2. 碘类消毒剂

是以碘为主要杀菌成分制成的各种制剂。对细菌、霉菌、病毒和芽孢均具有强大的杀灭作用。消毒溶液 pH 值偏酸性时，游离的碘更多，杀菌作用增强；过多有机物存在可导致消毒效能降低。传统的碘制剂，如碘酊（俗称碘酒）和碘甘油。碘伏是碘与表面活性剂（载体）及增溶剂等形成稳定的络合物，有非离子型、阳离子型及阴离子型三大类。其中非离子型碘伏是使用最广泛、最安全的碘伏，主要有聚维酮碘（PVP-I）和聚醇醚碘（NP-I）。可用于饮水、黏膜、带畜、环境、伤口治疗等消毒。对人、动物、环境均最安全。

3. 酚类消毒剂

目前主要使用酚类衍生物，如卤化酚（氯甲酚）、甲酚（煤酚皂液又称来苏儿）、二甲苯酚和双酚类、复合酚等。一般仅作为环境消毒，不可直接喷于动物身上。苯酚、甲酚、二甲苯酚和双酚类、复合酚等（氯甲酚除外）具有强致癌及蓄积毒性，酚臭味重，环境污染严重。

4. 季铵盐类消毒剂

是阳离子型表面活性剂类消毒剂，主要有：氯己定（洗必泰）、苯扎溴铵（又称新洁尔灭或溴苄烷铵，即十二烷基二甲基苯甲基溴化铵）、度米芬（又称消毒宁，即十二烷基二甲基乙苯氧乙基溴化铵）、百毒杀（50％双癸基二甲基溴化铵）、新洁灵消毒液〔溴化双（十二烷基二甲基），乙撑二铵〕，四烷基铵盐（拜洁）。本类消毒剂毒性与刺激性小，无腐蚀性和漂白作用，水溶性好、水溶液稳定，使用方便并具有去污功能。对新城疫、流感病毒等效果好。一般只用于杀灭微生物繁殖体，对芽孢菌效果不佳。影响杀菌效果因素很多，尤其是存在有机污染物时消毒效果很差，碱性环境可提高杀菌效果。可用于带畜、伤口、黏膜冲洗擦拭等消毒。对人、动物较安全，生物降解性差，长期大量使用，易对环境造成破坏。

5. 过氧化物类消毒剂

指能产生具有杀菌能力的活性氧的消毒剂。广谱、高效、速效及在低温下仍有良效。消毒剂最终的分解产物无毒、无残留、无公害，杀菌能力强，大多可作为灭菌剂。主要有：过氧乙酸、过氧化氢、过氧戊二酸、二氧化氯（复合亚氯酸钠）和 Virkon 过硫酸复合盐。过氧乙酸、过氧化氢和过氧戊二酸不稳定、刺激性强，长期使用对人和动物眼睛、呼吸道黏膜、环境有强力的破坏，只能用于环境和空栏消毒；二氧化氯（复合亚氯酸钠）和 Virkon 过硫酸复合盐无刺激性和腐蚀性，可用于饮水、环境、器械、带畜消毒。

6. 酸碱类

具有广谱杀菌、抑菌效果，有些能杀灭病毒和芽孢。酸陛及碱性愈强，其腐蚀性和刺激性愈强。常用火碱（氢氧化钠）、石灰、醋酸等。本类消毒剂易灼伤人、动物皮肤、眼睛、呼吸道和消化道，腐蚀金属，破坏环境；仅作为一次性空舍消毒。

7. 醛类

为一类强的蛋白质变性剂，能使细菌、病毒蛋白质变性而发挥广谱、高效、速效杀菌、杀芽孢、杀病毒作用。温度和浓度增加，可提高消毒剂的杀菌效能,消毒溶液中含有一定浓度的乙醇或异丙醇能提高杀菌效能。主要有甲醛(多聚甲醛)、戊二醛、邻苯二甲醛(OPA)等。甲醛、聚甲醛具有高度刺激性、高致癌;戊二醛、邻苯二甲醛(OPA)较安全,可用于带畜、环境:器械、水体等消毒。

(二)常用消毒药

苯酚

又名酚和石炭酸。

【作用与用途】 苯酚为原浆毒。0.1%~1%溶液有抑菌作用;1%~2%溶液有杀菌和杀真菌作用;5%溶液可在 48 小时内杀死炭疽芽孢。苯酚的杀菌效果与温度呈正相关。碱性环境、脂类、皂类等能减弱其杀菌作用。苯酚是外科最早使用的一种消毒药,但由于对动物和人有较强的毒性,不能用于创面和皮肤的消毒。苯酚留用作检定其他消毒药杀菌效力的标准品。

【不良反应】 当苯酚浓度高于 0.5%时,具有局部麻醉作用;5%溶液对组织产生强烈的刺激和腐蚀作用,动物意外吞服或皮肤、黏膜大面积接触苯酚会引起全身性中毒,表现为中枢神经先兴奋后抑制以及心血管系统受抑制,严重者可因呼吸麻痹致死。苯酚被认为是一种致癌物。

对吞服苯酚动物可用植物油(忌用液体石蜡)洗胃;内服硫酸镁导泻;对症治疗,给予中枢兴奋剂和强心剂等。皮肤、黏膜接触部位可用 50%乙醇或者水、甘油或植物油清洗。眼可先用温水冲洗,再用 3%硼酸液冲洗。

【用法与用量】 器具、厩舍、排泄物和污物等消毒配成 2%~5%溶液。

【制剂】 复合酚俗称菌毒敌。为我国生产的一种兽医专用消毒剂,为取代酚的复合制剂,是由苯酚(41%~49%)和醋酸(22%~26%)加十二烷基苯磺酸等配制而成的水溶性混合物。为深红褐色黏稠液,有特臭。可杀灭多种细菌、真菌和病毒,也可杀灭动物寄生虫的虫卵。主要用于厩舍、器具、排泄物和车辆等消毒,药效可维持7天。

预防性喷雾消毒,用水稀释300倍。疫病发生时的喷雾消毒,稀释100～200倍,稀释用水的温度不宜低于8℃,禁与碱性药物或其他消毒药混用。

苯扎溴铵

又名溴苄烷铵、新洁尔灭。为溴化二甲基苄基烃铵的混合物;同类药物苯扎氯铵,又名氯苄烷铵、洁尔灭,为氯化二甲基苄基烃馓的混合物,两者均属季铵盐类。

【作用与用途】 为常用的一种阳离子表面活性剂。具有杀菌和去污作用。0.1%溶液用于皮肤和术前手消毒(浸泡5分钟)、手术器械消毒(煮沸15分钟后浸泡30分钟);0.01%溶液用于创面消毒;感染性创面宜用0.1%溶液局部冲洗后湿敷。

【注意】 禁与肥皂及其他阴离子活性剂、盐类消毒药、碘化物和过氧化物等配伍使用,术者用肥皂洗手后,务必用水冲净后再用本品。不宜用于眼科器械和合成橡胶制品的消毒。配制器械消毒液时,需加0.5%亚硝酸钠;其水溶液不得贮存于聚乙烯制作的容器内,以避免与增塑剂起反应而使药液失效。可引起人体药物过敏。

【用法与用量】 创面消毒配成0.01%溶液,皮肤、手术器械消毒配成0.1%溶液(以苯扎溴胺计)。

【制剂】 苯扎溴铵溶液为5%苯扎溴铵水溶液。

碘

【作用与用途】 碘具有强大的杀菌作用,也可杀灭细菌芽孢、真菌、病毒、原虫。碘酊是常用最有效的皮肤消毒药。一般皮肤消毒用2%碘酊,大家畜的皮肤和术野消毒用5%碘酊。由于碘对组织有较强的刺激性,其强度与浓度成正比,故碘酊涂抹皮肤待稍干后,宜用75%乙醇擦去,以免引起发泡、脱皮和皮炎。碘甘油刺激性较小,用于黏膜表面消毒。2%碘溶液不含酒精,适用于皮肤浅表破损和创面,以防止细菌感染。在紧急条件下用于饮水消毒,每升水中加入2%碘酊5～6滴,15分钟后可供饮用,水无不良气味,且水中各种致病菌、原虫和其他生物可被杀死。

【注意】 对碘过敏(涂抹后曾引起全身性皮疹)的动物禁用。碘酊需涂抹于干燥的皮肤上,如涂于湿皮肤上不仅杀菌效力降低,且易引起发泡和皮炎。配制碘液时,若碘化物过量(超过等量)加入,可使游离碘变为过碘化物,反而导致碘失去杀菌作用。碘可着色,沾有碘液的天然纤维织物不易洗除。与含汞药物配伍禁忌,各种含汞药物(包括中成药)无论以何种途径用药,如与碘剂(碘化钾、碘酊、含碘食物海带和海藻等)相遇,均可产生碘化汞而呈现毒性作用。配制的碘液应存放在密闭容器内。若存放时间过久,颜色变淡(碘可在室温下升华),应测定碘含量,并将碘浓度补足后再使用。

【制剂】 碘酊:含碘2%、碘化钾1.5%,加水适量,以50%乙醇配制。为红棕色的澄清液体,用于术前和注射前的皮肤消毒。

浓碘酊:含碘10%、碘化钾7.5%,以95%乙醇配制。本品为暗红褐色液体。具强大刺激性,用作刺激药,外用涂搽于患部皮肤,治疗腱鞘炎、滑膜炎等慢性炎症。将浓碘酊与等量50%乙醇混合即得5%碘酊,后者用于大家畜皮肤和术野消毒。

碘溶液:含碘2%、碘化钾2.5%的水溶液。用于皮肤浅表破损和创面消毒。

碘甘油:含碘1%、碘化钾1%,以甘油配制。涂患处,用于治疗口腔、舌、齿龈、阴道等黏膜炎症与溃疡。

乙醇

又名酒精。无水乙醇含量为99%以上;医用乙醇浓度应不低于95.0%(毫升/毫升)。处方上凡未指明浓度的乙醇,均指95%乙醇。

【作用与用途】 乙醇是目前临床上使用最广泛,也是较好的一种皮肤消毒药。能杀死繁殖型细菌,对结核分枝杆菌、囊膜病毒电有杀灭作用,但对细菌芽孢无效。乙醇可使细菌胞浆脱水,并进入蛋白肽链的空隙破坏构型,使菌体蛋白变性和沉淀。乙醇可溶解类脂质。不仅易渗入菌体破坏其胞膜,而且能溶解动物的皮脂分泌物,从而发挥机械性除菌作用。

纯乙醇的杀菌作用微弱,因它使组织表面形成一层蛋白凝固膜,妨碍渗透,而影响杀菌作用。常用75%乙醇(俗称消毒酒精)消毒皮肤(如注射部位、术野和伤口周围的皮肤消毒)以及器械(刀、剪、体温计等)浸泡消毒,亦可用作溶媒。当乙醇的浓度低于20%时,杀菌作用微弱,而高于95%时,则作用不可靠。乙醇对黏膜的刺激性大,不能用于黏膜和创面抗感染。

乙醇能扩张局部血管,改善局部血液循环,用稀乙醇涂擦久卧病畜的局部皮肤,可预防褥疮的形成;浓乙醇涂擦可促进炎性产物吸收,减轻疼痛,用于治疗急性关节炎,腱鞘炎和肌炎等。

无水乙醇纱布压迫手术出血创面5分钟,可立即止血。

【用法与用量】 皮肤清毒,配成75%溶液。

甲醛

甲醛又称蚁醛,为无色气体,一般出售其溶液。甲醛溶液,即福尔马林,含甲醛不得少于36.0%(克/克)。

【作用与用途】 不仅能杀死细菌的繁殖型,也能杀死芽孢(如炭疽芽孢),以及抵抗力强的结核杆菌、病毒及真菌等。主要用于厩舍、仓库、孵化室、皮毛、衣物、器具等的熏蒸消毒,标本、尸体防腐;亦用于胃肠道制酵。消毒温度应在20℃以上。甲醛对皮肤和黏膜的刺激性很强,但不损坏金属、皮毛、纺织物和橡胶等。甲醛的穿透力差,不易透入物品深部发挥作用。具滞留性,消毒结束后即应通风或用水冲洗,甲醛的刺激性气味不易散失,故消毒空间仅需相对密闭。

【注意】 甲醛气体有强致癌作用,尤其肺癌,近年来已较少用于消毒。消毒后在物体表面形成一层抗腐蚀作用的薄膜。动物误服大量甲醛溶液应迅速灌服稀氨水解毒。药液污染皮肤,应立即用肥皂和水清洗。

【用法与用量】 熏蒸消毒:每立方米15毫升甲醛溶液加水20毫升,加热蒸发消毒4～10小时,消毒结束后打开门窗通风,为消除甲醛味,每立方米2～5毫升浓氨水加热蒸发,使甲醛变成无刺激性的环六亚甲四胺。器具喷洒消毒,配成2%溶液。

生物或病理标本固定和保存、尸体防腐:配成5%～10%溶液。

二氯异氰尿酸钠

又名优氯净,含有效氯60%～64.5%。

【作用与用途】 杀菌谱广,对繁殖型细菌和芽孢、病毒、真菌孢子均有较强的杀灭作用。由于本品的水解常数较高,故其杀菌力较大多数氯胺类消毒药为强。氯胺类化合物在水溶液中仅有一部分水解为次氯酸而起杀菌作用。

溶液的pH值愈低,杀菌作用愈强。加热可加强杀菌效力。有机物对杀菌作用影响较小。主要用于厩舍、排泄物和水等消毒。有腐蚀和漂白作用。毒性与一般含氯消毒药相同。

0.5%～1%水溶液用于杀灭细菌和病毒;5%～10%水溶液用于杀灭芽孢,临用前现配。可采用喷洒、浸泡和擦拭方法消毒,也可用其干粉直接处理排泄物或其他污染物品。

注意事项同含氯石灰。

【用法与用量】 厩舍消毒,每立方米常温10～20毫克,气温低于0℃时50毫克。

饮水消毒:每升水4毫克,作用30分钟。

二氧化氯

【作用与用途】 本品为非常活泼的氧化剂,作用强,其氧化能力可用碘量法滴定,并折算成相当于有效氯的含量,其纯品相当于含有效氯263%,故习惯上将其归入含氯消毒药。二氧化氯杀菌依赖于氧化作用,其氧化能力较氯强2.5倍,可杀灭细菌的繁殖体及芽孢、病毒、真菌及其孢子。一般多用于饮水消毒。

二氧化氯消毒具有如下优点:用量小;可同时除臭、去味;可氧化酚类等污染物质;本品易从水中驱除;不具残留毒性;pH值愈高时,杀菌效果愈佳。

由于二氧化氯沸点低(11℃),高于10%浓度的二氧化氯气体,极易引起爆炸,因而贮存、运输不便,使用受到一定限制。

【用法与用量】 水源消毒,每1 000升水不超过10克。

【制剂】 氯氧灵,系用亚氯酸钠制成,为二元型包装,用前混合并溶于水或50%乙醇中,即可用于消毒。

含氯石灰

又名漂白粉。由氯通入消石灰制得。为次氯酸钙、氯化钙和氢氧化钙的混合物。本品含有效氯(有杀菌能力的氯)不得少于26.0%。

【作用】 与氯气一样,含氯石灰加入水中也生成次氯酸,后者释放活性氯和初生氧而呈现杀菌作用,其杀菌作用快而强,但不持久。

1%澄清液作用0.5~1分钟即可抑制像炭疽杆菌、沙门氏菌、猪丹毒和巴氏杆菌等多数繁殖型细菌的生长;1~5分钟抑制葡萄球菌和链球菌。对结核杆菌和鼻疽杆菌效果较差。30%漂白粉混悬液作用7分钟后,炭疽芽孢即停止生长。实际消毒时,漂白粉与被消毒物的接触至少需15~20分钟。漂白粉的杀菌作用受有机物的影响。漂白粉中所含的氯可与氨和硫化氢发生反应,故有除臭作用。

【用途】 漂白粉为价廉有效的消毒药,广用于厩舍、畜栏、场地、车辆、排泄物等的消毒。其1%~5%澄清液,尚可用于消毒玻璃器皿和非金属用具。由漂白粉加水生成的次氯酸,其杀菌作用产生得快,氯又能迅速散失而不留臭味,肉联厂和食品厂乐于用其消毒设备。

【注意】 漂白粉对皮肤和黏膜有刺激作用,消毒人员应注意防护。对金属有腐蚀作用,不能用于金属制品。可使有色棉织物褪色,不可用于有色衣物的消毒。

【用法与用量】 厩舍等消毒,临用前配成5%~20%混悬液或

1%～5%澄清液。玻璃器皿和非金属用具消毒,临用前配成1%～5%澄清液。

饮水消毒:每50升水1克。

过氧乙酸

又名过醋酸。由过氧化氢作用于乙酸酐制得,故本品为过氧乙酸和乙酸的混合物。市售20%过氧乙酸溶液(含过氧乙酸20%)。

【作用】 过氧乙酸兼具酸和氧化剂特性,是一种高效灭菌剂,其气体和溶液均具较强的杀菌作用,并较一般的酸或氧化剂作用强。作用产生快,能杀死细菌、真菌、病毒和芽孢,在低温下仍有杀菌和抗芽孢能力。用过氧乙酸消毒的表面,药物残留极微,因它能在室温下挥发和分解。

【用途】 临用前配制0.5%溶液喷雾消毒厩舍、食品厂的地面、墙壁、饲槽、用具和车船等,喷雾后关闭门窗1～2小时。对芽孢污染的表面可喷雾2%溶液8毫升/立方米。实验室、厩舍、仓库等空间消毒,可用3%～5%溶液加热熏蒸。0.04%～0.2%溶液浸泡消毒耐腐蚀的玻璃、搪瓷制品、肉类、蛋品和白色织物等。0.2%溶液皮肤消毒(浸洗、擦抹),0.02%溶液黏膜消毒(冲洗、滴眼)。

【注意】 金属离子和还原性物质可加速药物的分解,需用洁净水配制新鲜药液。本品腐蚀性强,有漂白作用。稀溶液对呼吸道和眼结膜有刺激性;浓度较高的溶液对皮肤有强烈刺激性,若高浓度药液不慎溅入眼内或皮肤、衣服上,应立即用水冲洗;皮肤或黏膜消毒用药液的浓度不能超过0.2%或0.02%。有机物可降低其杀菌效力。

【用法与用量】 厩舍和车船等喷雾消毒配成0.5%溶液。空间加热熏蒸消毒配成3%～5%溶液。器具浸泡消毒配成0.04%～0.2%溶液。黏膜或皮肤消毒配成0.02%或0.2%溶液。

高锰酸钾

【作用与用途】 为强氧化剂,遇有机物或加热、加酸或碱等均即释出新生氧（非游离态氧，不产生气泡）呈现杀菌、除臭、解毒作用。在发生氧化反应时，其本身还原为棕色的二氧化锰，后者可与蛋白结合成蛋白盐类复合物，因此，高锰酸钾在低浓度时对组织有收敛作用；高浓度时有刺激和腐蚀作用。高锰酸钾的抗菌作用较过氧化氢强，但它极易被有机物分解而作用减弱。在酸性环境中杀菌作用增强，如2%～5%溶液能在24小时内杀死芽孢；在1%溶液中加1.1%盐酸，则能在30秒内杀死炭疽芽孢。0.1%～0.2%溶液能杀死多数繁殖型细菌，常用于创面冲洗；为减少对肉芽组织的刺激性，可用其0.03%溶液。0.05%～0.1%溶液可用于冲洗膀胱、阴道和子宫等腔道黏膜。吗啡、士的宁等生物碱、苯酚、水合氯醛和氯丙嗪等合成药，磷和氰化物等，均可被高锰酸钾氧化而失去毒性。临床上用0.05%～0.1%溶液洗胃解毒。

【注意】 严格掌握不同适应证采用不同浓度的溶液；水溶液易失效，药液需新鲜配制，避光保存，久置变棕色而失效。由于高浓度的高锰酸钾对组织有刺激和腐蚀作用，不应反复用高锰酸钾溶液洗胃。误服可引起一系列消化系统刺激症状，严重时出现呼吸和吞咽困难、蛋白尿等。动物应用本品中毒后，应用温水或添加3%过氧化氢溶液洗胃，并内服牛奶、豆浆或氢氧化铝凝胶，以延缓吸收。

过氧化氢溶液

又名双氧水，含过氧化氢应为2.5%～3.5%。市售品还有浓过氧化氢溶液，含过氧化氢应为26.0%～28.0%。

【作用与用途】 过氧化氢有较强的氧化性，在与组织或血液中的过氧化氢酶接触时，迅速分解，释出新生态氧，对细菌产生氧化作用，干扰其酶系统的功能而发挥抗菌作用。由于作用时间短，且有机物能大大减弱其作用，因此杀菌力很弱。在接触创面时，由于分解迅速，会产生大量气泡，机械地松动脓块、血块、坏死组织及与组织粘连的敷料，有利于清洁创面。3%的过氧化氢溶液常用于清洗化脓性创伤，去除痂皮，尤其对厌氧性感染更有效。过氧化氢具有除臭和止血作用,可用其5％溶液(用浓过氧化氢溶液稀释而成)涂于出血的细小创面上止血。由于过氧化氢溶液无味无残留,可用于食品浸泡或喷雾消毒,以提高贮藏效果。

【注意】 避免用手直接接触高浓度过氧化氢溶液,因可发生刺激性灼伤,与有机物、碱、生物碱、碘化物、高锰酸钾或其他较强氧化剂配伍禁忌。不能注入胸腔、腹腔等密闭体腔或腔道或气体不易逸散的深部脓疡,以免产气过速,可能导致栓塞或扩大感染。

氧化钙

消毒用石灰(生石灰)的主要成分是氧化钙(CaO)。石灰是一种价廉易得的消毒药。

【作用与用途】 消毒药。石灰的水溶性小,解离出来的OH^-不多,对繁殖型细菌有良好的消毒作用,而对芽孢和结核杆菌无效。石灰乳涂刷厩舍墙壁、畜栏、地面等,也可直接将石灰撒于阴湿地面、粪池周围和污水沟等处。为防疫目的,畜牧场门口常放置浸透20％石灰乳的湿草进行鞋底消毒。

【用法与用量】 厩舍墙壁、畜栏、地面等消毒;配成10％～20％石灰乳。

粪池周围和阴湿地面等消毒,撒布生石灰,每千克生石灰加水350毫升混合成粉末后撒布。

氢氧化钠

又名苛性钠。消毒用氢氧化钠,又叫烧碱或火碱,含$NaOH$96％和少量的氯化钠和碳酸钠。

【作用与用途】 消毒药。烧碱属原浆毒,杀菌力强,能杀死细菌繁殖型、芽孢和病毒,还能皂化脂肪和清洁皮肤。2％溶液用于口蹄疫、猪瘟和猪流感等病毒性感染以及猪丹毒和鸡白痢等细菌性感染的消毒;5％溶液用于炭疽芽孢污染的消毒。习惯上应用其加热溶液(热不仅能杀菌和寄生虫卵,且可溶解油脂,加强去污能力,但并不增强氢氧化钠的杀菌效力),在消毒厩舍前应驱出家畜,消毒后6～12小时,再以水将饲槽和地面冲洗干净,才可让家畜进舍。

【注意】 对组织有腐蚀性,能损坏织物和铝制品。消毒人员应注意防护。

【用法与用量】 厩舍地面、饲槽、车船、木器等消毒,配成2%溶液。

甲酚

又名煤酚、甲苯酚,为从煤焦油中分馏得到的邻位,间位和对位三种甲酚异构体混合物。

【作用与用途】 甲酚为原浆毒,抗菌作用比苯酚强3～10倍,毒性大致相等,但消毒用药液浓度较低,故较苯酚安全。可杀灭一般繁殖型病原菌,对芽孢无效,对病毒作用不可靠。是酚类中最常用的消毒药,由于甲酚的水溶度较低,通常都用肥皂乳化配制成50%甲酚皂溶液。

【注意】 甲酚有特臭不宜在肉联厂、乳牛厩舍、牛乳加工车间和食品加工厂等应用,以免影响食品质量。由于色泽污染,不宜用于棉、毛纤织品的消毒。本品对皮肤有刺激性,若用其1%～2%溶液消毒水和皮肤,务必精确计量。

【用法与用量】 甲酚皂溶液3%～5%溶液用于厩舍、场地、排泄物、器具和器械等消毒。

【制剂】

1)甲酚皂溶液:俗称来苏儿,每1 000毫升中含甲酚500毫升,植物油173克,氢氧化钠约27克和水适量。本品为黄棕色至红棕色的黏稠液体;带甲酚的臭气。本品能与乙醇混合成澄清液体。排泄物和废弃的染菌材料消毒,配成10%溶液;厩舍、场地、器械、器具及其他物品消毒,配成3%～5%溶液。

2)甲酚磺酸为甲酚经磺化而得,既降低了甲酚的毒性,又提高了其水溶性和杀菌力。环境消毒配成0.1%溶液作用相当于3%甲酚皂溶液。

3)复方煤焦油酸溶液,俗称农福。本品含高沸点煤焦油酸

39.0%～43.0%,醋酸18.5%～20.5%,十二烷基苯磺酸23.5%～25.5%,间甲酚<5%,石油醚<5%,加水至100克。为深褐色液体,有煤焦油和醋酸的特臭。

喷洒厩舍,用水稀释80～100倍浸泡器具或洗涤车辆等稀释60倍。

三、消毒药使用简单列举

(一)带鸡消毒

带鸡消毒是指在家禽饲养期内,用消毒药液对鸡舍、笼具和鸡体进行喷雾消毒的消毒方法。带鸡消毒应选择广谱、高效、杀菌作用强而毒性、刺激性低,对金属、塑料制品的腐蚀性小,不会残留在肉和蛋中的消毒药。常用的消毒剂有百毒杀、拜洁、过氧乙酸、次氯酸钠、新洁尔灭等。

带鸡消毒可杀灭多种病原微生物,能有效控制马立克氏病、法氏囊病、新城疫、传染性支气管炎、支原体病以及葡萄球菌病、大肠杆菌病等;还能有效地抑制舍内氨气的发生和降低氨气浓度,创造良好的鸡舍环境;夏季还有防暑降温作用。

带鸡消毒前应先扫除屋顶的蜘蛛网、墙壁、鸡舍通道的尘土、鸡毛和粪便,减少有机物的存在,以提高消毒效果和节约药物的用量。配制消毒药液可用深井水、自来水或白开水,水温一般控制在30～45℃。寒冷季节水温要高一些,以防水分蒸发引起鸡受凉造成鸡群患病;炎热季节水温要低一些,消毒同时起到防暑降温的作用;消毒药用水稀释后稳定性变差,应现配现用,一次用完。消毒器械一般选用高压动力喷雾器或背式喷雾器朝鸡舍上方以画圆圈方式喷洒,雾粒直径在80～120微米。雾粒太小易被鸡吸入呼吸道,引起肺水肿,甚至诱发呼吸道病;雾粒太大易造成喷雾不均匀和鸡舍太潮湿。一般喷雾量按每立方米30～50毫升计算,平养喷雾量少一些,笼养喷雾量多一些;雏鸡喷雾量少一些,中大鸡喷雾量多一些。一般情况下,每周消毒2～3次,夏季、疾病多发或热应激时,可每天消毒 1～2 次,雏鸡太小不宜进行带鸡喷雾消毒,1 周龄后方可进行带鸡消毒。应注意活疫苗免疫接种前后 3 天内禁止进行带鸡消毒,以防影响免疫效果。喷雾消毒时间最好固定,且应在暗光下进行。消毒后应加强通风换气,便于鸡体表及鸡舍干燥。

为了能全面杀灭病原微生物,不能长期单一使用一种消毒药,必须轮换使用多种消毒剂。通过轮换使用多种消毒剂可以避免长期使用一种消毒药所带来的耐药性,还可以避免因消毒剂抗菌谱不广和环境因素的干扰对消毒效果的影响。

(二) 福尔马林熏蒸消毒的操作方法

福尔马林熏蒸消毒主要用于圈舍、厂房的消毒,对细菌、病毒都有很强的灭活作用。密闭的圈舍,每立方米可用 7～21 克高锰酸钾加入 14～42 毫升福尔马林进行熏蒸消毒,即高锰酸钾和福尔马林的用量比为 1：2。熏蒸消毒时,室温一般不应低于 15℃,相对湿度应为 60%～80%,可先在搪瓷盆或金属容器(以废弃的食品易拉罐最合适)中加入高锰酸钾,然后将规定量福尔马林溶液慢慢加入其中,此时混合液自动沸腾,从而使甲醛气化。密闭门窗 7 小时以上便可达到消毒目的,然后敞开门窗通风换气,消除残余的气味。

福尔马林的杀菌作用受温度、湿度和有机物影响明显,所以圈舍、用具熏蒸消毒前应先打扫干净,宜冲洗的用清水冲洗,保持一定的温度和湿度。为增强甲醛气体的穿透力,拟消毒的器物应充分摊开。若室内留有不需消毒和易损坏的物品,可用塑料薄膜盖严或搬出。消毒药物置好后,即关紧门窗,必要时用纸条贴封。

(三) 消毒种蛋的常用方法

种蛋的外壳上都不同程度地带有病菌。如果种蛋入孵前不进行消毒,不但影响孵化效果,而且还会将白痢、伤寒和支原体等疾病传染给雏禽。因此,种蛋入孵前必须进行严格的消毒。

消毒种蛋常用:①新洁尔灭消毒法。此药具有较强的除污和消毒作用,可用 5% 的新洁尔灭原液,加 50 倍的水配制成 0.1% 浓度的溶液,用喷雾器喷洒种蛋表皮即可。②漂白粉液消毒法:将种蛋浸入含有活性氯1.5%的漂白粉溶液中3分钟,取出沥干后即可装盘。值得注意的是此种消毒方法必须在通风处进行。③碘液消毒法。将种蛋置于0.1%的碘溶液中浸泡30~60秒,取出后沥干装盘。碘溶液的配制方法是:碘片10克和碘化钾15克同溶于1 000毫升的水中,然后倒入9 000毫升的清水中即可。浸泡种蛋10次后,溶液中的碘浓度渐低,如需再用,可将浸泡时间延长至90秒,或添加部分新配制的碘溶液。④过氧乙酸消毒法。消毒种蛋时,每立方米体积用含16%的过氧乙酸溶液40~60毫升,加高锰酸钾4~6克,熏蒸15分钟。⑤福尔马林(甲醛溶液)消毒法。用甲醛溶液与高锰酸钾混合熏蒸消毒种蛋和孵化机。每立方米用15克高锰酸钾加30毫升的福尔马林。这种熏蒸消毒法,可以同时消毒种蛋和电孵机,方法简单,对病毒和支原体的消毒效果显著。

(四) 有效杀灭禽流感病毒的消毒剂

禽流感病毒在外界环境中存活能力较差,只要消毒措施得当,养禽生产实践中常用的消毒剂,如醛类、含氯消毒剂、酚类、氧化剂、碱类等均能杀死环境中的病毒。场舍环境常采用下列消毒剂消毒效果比较好:①醛类消毒剂有甲醛、聚甲醛等,其中以福尔马林熏蒸消毒最为常用。②含氯消毒剂消毒效果取决于有效氯的含量,含量越高,消毒能力越强,包括无机含氯消毒剂和有机含氯消毒剂。常用5%漂白粉溶液喷洒于动物圈舍、笼架、饲槽及车辆等进行消毒。次氯酸杀毒迅速且无残留物和气味,因此,常用于食品厂、肉联厂设备和工作台面等物品的消毒。③碱类制剂主要有氢氧化钠等,消毒用的氢氧化钠制剂大部分是含有94%氢氧化钠的粗制碱液,使用时常加热配成1%~2%的水溶液,用于消毒被病毒污染的鸡舍地面、墙壁、运动场和污物等,也用于屠宰场、食品厂等地面以及运输车船等物品的消毒。喷洒6~12小时后用清水冲洗干净。

第四章　抗微生物药

一、抗微生物药概述

（一）抗微生物药定义

微生物是存在于自然界的一群体形微小、结构简单、肉眼看不见、必须借助光学或电子显微镜放大数百倍、数千倍甚至数万倍才能观察到的微小生物。微生物按结构、组成可分为三大类，即原核细菌型微生物（细菌、支原体、立克次体、衣原体、螺旋体、放线菌）、真核细菌型微生物（真菌）和非细菌型微生物（病毒）。

抗微生物药是用于治疗病原微生物感染性疾病的药物，能抑制或杀灭病原微生物，包括抗菌药、抗真菌药和抗病毒药。

（二）抗生素定义

很早以前，人们就发现某些微生物对另外一些微生物的生长繁殖有抑制作用，把这种现象称为抗生。随着科学的发展，人们终于揭示出抗生现象的本质，从某些微生物体内找到了具有抗生作用的物质，并把这种物质称为抗生素，如，青霉菌产生的青霉素，灰色链丝菌产生的链霉素都有明显的抗菌作用。所以，人们把由某些微生物在生活过程中产生的、对某些其他病原微生物具有抑制或杀灭作用的一类化学物质称为抗生素。

由于最初发现的一些抗生素主要对细菌有杀灭作用，所以一度将抗生素称为抗菌素。但是随着抗生素的不断发展，陆续出现了抗病毒、抗衣原体、抗支原体，甚至抗肿瘤的抗生素，并且被用于临床，显然称为抗菌素是不妥的。抗肿瘤抗生素的出现，说明微生物产生的化学物质除了原先所说的抑制或杀灭某些病原微生物的作用之外,还具有抑制癌细胞的增殖或代谢的作用,因此,现代抗生素的定义应当为:由某些微生物产生的化学物质,能抑制微生物和其他细胞增殖的物质称作抗生素。

1. 抗生素的抗菌作用机理

抗生素的作用机理,目前认为有以下四个方面。

(1) 影响细菌细胞壁的合成。细胞壁是包围在细菌外面的一层坚韧组织,具有保护和维持菌体正常形态的作用。革兰氏阳性菌细胞壁的主要成分是黏肽,占细胞壁总量约 60％以上;革兰氏阴性菌细胞壁含黏肽在 10％以下。青霉素类和头孢菌素类抗生素能选择地阻碍黏肽的合成,导致细菌失去细胞壁的保护而崩解死亡。因此,青霉素类抗生素对革兰氏阳性菌有明显的抗菌作用,而对革兰氏阴性菌的作用不明显,对生长旺盛的细菌作用强,对细胞壁已形成而处于静息状态的细菌作用弱。人和动物的细胞无细胞壁结构,故,青霉素对人体和畜体的毒性低。

(2) 影响细菌胞浆膜的通透性。胞浆膜即细胞膜,是包围在菌体原生质外的一层半透性生物膜,具有维持菌体渗透作用、运输营养物质和排泄菌体内的废物并参与细胞壁的合成等功能。胞浆膜受损后,通透性增加,导致菌体内物质外漏,外部物质和水分内渗,菌体溶解死亡。如多肽类的多黏菌素和多烯类的制霉菌素就具有损伤细菌胞浆膜的作用。

(3) 抑制菌体蛋白质的合成。蛋白质的合成是一个非常复杂的生化过程(可根据蛋白质的化学结构分为三个简单的阶段,即起始、延长和终止阶段)。氯霉素类、氨基苷类、四环素类、大环内酯类等在菌体蛋白质合成的不同阶段与核蛋白体的不同部位结合,阻碍蛋白质的合成,从而产生抑菌或杀菌作用。

(4) 抑制细菌核酸的合成。新生霉素、制霉菌素和抗肿瘤的抗生素等能抑制或阻碍脱氧核糖核酸(DNA)或核糖核酸(RNA)的合成,从而产生抗菌作用。

2. 抗生素的计量单位

效价是评价抗生素效能的标准,也是衡量抗生素活性成分含量的尺度。每种抗生素的效价与重量之间有特定转换关系。抗生素的效价通常以重量或国际单位来表示。

合成及半合成的抗生素都与其他合成药一样,以重量表示其单位(0.125 克/毫升即每毫升含 125 毫克),只有非合成抗生素,才需采用特定的单位来表示其效价,如链霉素、土霉素、红霉素等系以纯游离碱 1 微克作为 1 u。另外还有某些抗生素以某一特定盐 1 微克作为 1 u,如金霉素、四环素均以其纯盐酸盐 1 微克作为 1 u;庆大霉素以纯硫酸盐 1 微克作为 1 u,80 毫克等于 8 万 u。青霉素以国际标准晶青霉素 G 钠盐 0.6 微克为一个单位,所以 1 毫克的青霉素 G 钠(或 G 钾)含有 1 667 IU。

3. 抗生素的分类

目前,抗生素的生产日新月异,疗效高、副作用少的新品种不断应用于临床医疗。这些抗生素的结构十分复杂,分类方法也有多种,常用的有以下两种:

(1) 按化学结构。可分为如下几类。

1) β-内酰胺类。青霉素类、头孢菌素类等,包括天然青霉素和半合成青霉素,如青霉素 G、苯唑青霉素钠、邻氯青霉素钠、羟氨苄青霉素、羧苄青霉素钠等,头孢菌素类如头孢噻吩钠、头孢噻啶、头孢氨苄、头孢唑啉钠等。近年来发展了非典型 β-内酰胺类,如碳青霉烯类、单环 β-内酰胺类、β-内酰胺酶制剂及氧头孢类等。2) 氨基糖苷类。如链霉素、卡那霉素、庆大霉素、新霉素、庆大-小诺霉素、阿布拉霉素、妥布霉素、威他霉素、潮霉素 B、越霉素 A 等。3) 四环素类。如四环素、土霉素、金霉素、脱氧土霉素、二甲胺四环素、美他环素和米诺环素等。4) 氯霉素类。氯霉素、甲砜霉素、氟苯尼考等。5) 大环内酯类。红霉素、竹桃霉素、北里霉素、泰乐霉素、螺旋霉素、罗红霉素、替米考星、吉他霉素等。6) 多肽类。如多黏菌素 B、多黏菌素 E、杆菌肽、威里霉素、恩拉霉素、硫肽霉素、米加霉素、奥沃霉素等。7)多烯类。灰黄霉素、两性霉素 B、制霉菌素等。8)洁霉素类。洁霉素、克林霉素等。9)含磷多糖类。黄霉素、大碳霉素、喹北霉素等,主要用做饲料添加剂。

此外,还有大环内酯类的阿维菌素类抗生素和聚醚类(离子载体类)抗生素如莫能菌素等,均属抗寄生虫药。

(2) 按抗菌谱。可分为:

1)主要作用于革兰氏阳性菌的抗生素如青霉素类、大环内酯类、头孢菌素类、林可胺类、新生霉素、杆菌肽等。2)主要作用于革兰氏阴性菌的抗生素如氨基苷类、多肽类等。3)广谱抗生素如四环素类、氯霉素类等。4)抗真菌抗生素如灰黄霉素、制霉菌素等。5)抗寄生虫的抗生素如莫能菌素、盐霉素、马杜霉素、拉沙里菌素、伊维菌素、潮霉素 B、越霉素 A 等。6)抗肿瘤抗生素如丝裂霉素 C、正定霉素、博来霉素、光辉霉素等。7)促生长抗生素如黄霉素、维吉尼霉素等。

(三)抗微生物药的合理应用

抗微生物药物是目前兽医临床使用最广泛和最重要的药物,对控制家禽传染病起着巨大的作用;但当前不合理用药较为严重,常造成治疗失败、不良反应增多、药品浪费、细菌耐药性产生、兽药残留等,为了充分发挥抗菌药物的疗效,必须切实合理地使用抗菌药物。

(1) 严格掌握适应证。推断或判定病原微生物,选用适当药物,革兰氏阳性菌感染可选用青霉素类、大环内酯类等,革兰氏阴性菌感染可选用氨基糖苷类、氯霉素类和氟喹诺酮类等,鸡慢性呼吸道病选用氟喹诺酮类、泰乐菌素、泰妙菌素等。

(2) 制定给药方案。根据药物动力学特征,制定合理的给药方案,保证剂量合适,疗程充足和防止不良反应。

(3) 避免耐药性的产生。注意不滥用抗菌药物,能不用尽量不用,单一药物有效不要联合用药;及时、足量、疗程恰当;尽量避免局部用药和长期用药;病因不明或病毒性感染不要轻易使用抗菌药物。

（4）强调综合性治疗措施。加强饲养管理，改善家禽体况，增强机体免疫力；纠正水、电解质平衡失调等。

（5）抗菌药物的联合应用要合理。1)联合用药必须有明确的指征：一种药物不能控制的严重感染或混合感染；病因未明，危及生命的严重感染；易出现耐药性的细菌感染；需长期治疗的慢性疾病。2)必须根据抗菌药的作用特性和机理进行选择，避免盲目组合。根据抗菌药物作用特点，可将抗微生物分为四类：第一类为速效杀菌剂，如青霉素类、头孢菌素类；第二类为慢效杀菌剂，如氨基糖苷类、多黏菌素类；第三类为速效抑菌剂，如四环素类、氯霉素类、大环内酯类；第四类为慢效抑菌剂，如磺胺类。一类与二类合用协同作用，一类与三类合用出现拮抗作用，一类与四类合用无明显影响，其他合用多出现相加或无关作用。作用机理相同的药物合用疗效并不增强，但可能相互增加毒性或出现拮抗作用，如氨基糖苷类之间或氯霉素、大环内酯类、林可霉素类之间。3)注意药物间配伍禁忌。

二、抗微生物药的种类

（一）抗生素

1. 青霉素类

（1）天然青霉素。青霉素（苄青霉素、青霉素 G）：优点是杀菌力强、毒性低、价廉，缺点是抗菌谱窄，易被胃酸和 β-内酰胺酶水解，金葡萄球菌易产生耐药性。其钾盐、钠盐遇酸、碱、氧化剂迅速失效，水溶液易失效。内服易破坏。注射给药吸收迅速，分布广泛，消除半衰期短，多以原形由尿液排出。

【作用】 属窄谱繁殖期杀菌剂，对革兰氏阳性和阴性球菌、革兰氏阳性杆菌、放线菌、螺旋体高度敏感。

【耐药性】 金葡菌易产生耐药性（可采用头孢菌素类、红霉素、氟喹诺酮类治疗）。

【药物相互作用】 丙磺舒、阿司匹林、保泰松、磺胺药对青霉素的排泄有阻滞作用,合用可升高青霉素类的血药浓度,也可能增加毒性。

氯霉素、红霉素、四环素类等抑菌剂对青霉素的杀菌活性有干扰作用,不宜合用。

重金属离子(尤其是铜、锌、汞)、醇类、酸、碘、氧化剂、还原剂、羟基化合物及呈酸性的葡萄糖注射液或四环素注射液都可破坏青霉素的活性,禁忌配伍,也不宜接触。

胺类与青霉素 G 可形成不溶性盐,使吸收发生变化。这种相互作用可利用以延缓青霉素的吸收,如普鲁卡因青霉素。

青霉素 G 与某些药物溶液(两性霉素、头孢噻吩、盐酸氯丙嗪、盐酸林可霉素、酒石酸去甲肾上腺素、盐酸土霉素、盐酸四环素、B 族维生素及维生素 G)不宜混合,因可产生浑浊、絮状物或沉淀。

【注意】 青霉素钠或钾易溶于水,水解率随温度升高而加速,因此注射液应在临用前新鲜配制。必须保存时,应置冰箱中,宜当天用完。掌握与其他药物的相互作用和配伍禁忌,以免影响青霉素的药效。青霉素毒性虽低,但少数家畜可发生过敏反应,严重者出现过敏性休克。如不急救,常致死亡。青霉素钾和青霉素钠分别含钾离子和钠离子,大剂量注射可能出现高钾血症和高钠血症,对肾功能减退或心功能不全病畜会产生不良后果。用大剂量青霉素钾静脉注射尤为禁忌。休药期,其奶废弃 3 天。

【用法与用量】 肌肉注射 一次量,每千克体重,马、牛 1 万～2 万单位,羊、猪、驹、犊 2 万～3 万单位,犬、猫 3 万～4 万单位,禽 5 万单位,一日 2～3 次,连用 2～3 日,临用前加灭菌注射用水适量,使溶解。

【制剂与规格】 注射用青霉素钠 0.24 克(40 万单位);0.48 克(80 万单位);0.6 克(100 万单位);0.96 克(160 万单位)。

注射用青霉素钾 0.25 克(40 万单位);0.5 克(80 万单位);0.625 克(100 万单位);1.0 克(160 万单位);2.5 克(400 万单位)。

（2）半合成青霉素。

氨苄青霉素

【作用、用途】　是广谱半合成抗生素。对多数革兰氏阳性菌的效力略逊或相似于青霉素 G。但单核细胞增多性李氏杆菌对本品高度敏感，对革兰氏阴性菌有较强的抗菌效能，较氯霉素、四环素类略强或相仿，但较卡那霉素、庆大霉素等为差，对绿脓杆菌无效。主要治疗敏感菌所致肺部、肠道、胆道、尿路感染及革兰氏阴性杆菌败血症。本品与其他半合成青霉素、卡那霉素、庆大霉素、氯霉素、链霉素等合用有协同作用。

【用法、用量】　内服：一次量，每千克体重犊牛 12 毫克，犬、猫 11～22 毫克，每日 2～3 次，家禽 5～20 毫克，每日 1～2 次或饮水每 100 升水加本品 10 克，早晚各 1 次，3～5 天为一疗程。

肌肉注射：一次量，每千克体重，马、牛、羊、猪 4～15 毫克，每日 2 次，犬 5～15 毫克，每日 3 次，猫 5～10 毫克，每日 2～3 次，鸡 25 毫克，每日 3 次。

【注意】　与青霉素有交叉过敏反应。兔内服后有腹泻、肠炎、肾小球损害等反应。

普鲁卡因青霉素

为青霉素的普鲁卡因盐。体内过程、用途、药物相互作用、注意事项与青霉素相仿。肌肉注射后，青霉素在局部缓慢释放和吸收。作用较青霉素持久。但血中有效浓度低，限用于对青霉素高度敏感的病原菌，不宜用于治疗严重感染。为能在较短时间内升高血药浓度，可与青霉素钠（钾）混合制成注射剂，以兼顾长效和速效。注射用普鲁卡因青霉素的休药期：牛 10 日，羊 9 日，猪 7 日；牛奶废弃期 3 日。

【用法与用量】　临用前加灭菌注射用水适量制成混悬液肌肉注射，一次量，每千克体重，马、牛 1 万～2 万单位，羊、猪、驹、犊 2 万～3 万单位，犬、猫 3 万～4 万单位，一日 1 次，连用 2～3 日。

【制剂与规格】　注射用普鲁卡因青霉素 40 万单位（普鲁卡因

青霉素 30 万单位与青霉素钠(钾)10 万单位);80 万单位(普鲁卡因青霉素 60 万单位与青霉素钠(钾)20 万单位)。

普鲁卡因青霉素注射液 10 毫升:300 万单位;10 毫升:450 万单位。

阿莫西林(羟氨苄青霉素)

【作用】 本品穿透细胞壁的能力较强,能抑制细菌细胞壁的合成,使细菌迅速成为球形体而破裂溶解,故对多种细菌的杀菌作用较氨苄西林迅速而强。但对志贺氏菌属的作用较弱。细菌对本品有完全的交叉耐药性。

阿莫西林在胃酸中较稳定,单胃动物内服后 74%～92%被吸收。食物能降低其吸收速率,但不影响吸收量,同等剂量内服后阿莫西林的血清浓度一般比氨苄西林大 1.5～3 倍。

【用途】 同氨苄西林钠。主要用于牛的巴氏杆菌、嗜血杆菌、链球菌、葡萄球菌性呼吸道感染,坏死棱杆菌性腐蹄病,链球菌和敏感金葡菌性乳腺炎(泌乳奶牛);犊牛大肠杆菌性肠炎,犬、猫的敏感菌感染如敏感金葡菌、链球菌,大肠杆菌、巴斯德氏菌和变形杆菌引起的呼吸道感染、泌尿生殖道感染和胃肠道感染及多种细菌引起的皮炎和软组织感染。

【药物相互作用】 参见氨苄西林钠。对细菌敏感的氨基糖苷类抗生素在亚抑菌浓度时可增强本品对粪链球菌的体外杀菌作用。

本品对产 β-内酰胺酶细菌的抗菌括性可被克拉维酸增强。

【注意】 参见青霉素钠、氨苄西林钠。本品在胃肠道的吸收不受食物影响。为避免动物发生呕吐、恶心等胃肠道症状,宜在饲后服用。牛内服休药期 20 日,注射休药期 25 日,牛奶废弃期 4 日。

【用法与用量】 内服,一次量,每千克体重,犊牛 10 毫克,犬、猫 10～20 毫克,一日 2 次,连用 5 日。皮下、肌肉注射,一次量,每千克体重,牛 6～10 毫克,犬、猫 5～10 毫克,一日 1 次,连用 5 日。

【制剂与规格】 阿莫西林片 0.05 克;0.1 克;0.125 克;

0.25 克;0.4 克。阿莫西林胶囊 0.125 克;0.25 克。注射用阿莫西林钠 0.5 克。

氨苄西林钠

为半合成的广谱青霉素。

【作用】 对革兰氏阳性菌如链球菌、葡萄球菌、梭菌、棒状杆菌、梭杆菌,丹毒丝菌、放线菌、李斯德氏菌等的作用与青霉素近似。能被青霉素酶破坏,对耐青霉素金葡菌无效。对多种革兰氏阴性菌如布鲁氏菌、变形杆菌、巴斯德氏菌、沙门氏菌、大肠杆菌、嗜血杆菌等有抑杀作用,但易产生耐药性。多数克雷伯菌、绿脓杆菌对个品耐药。

本品对胃酸相当稳定,内服后吸收良好。

【用途】 主要用于敏感菌引起的肺部、肠道、胆道、尿路等感染和败血症。如牛的巴氏杆菌病、肺炎、乳腺炎、子宫炎、肾盂肾炎、犊白痢、沙门氏菌肠炎等;马的支气管肺炎、子宫炎、腺疫、驹链球菌肺炎、驹肠炎等;猪的肠炎、肺炎、丹毒、子宫炎和仔猪白痢等;羊的乳腺炎、子宫炎和肺炎等。

【药物相互作用】 参见青霉素钠。本品溶液与下列药物有配伍禁忌:琥珀氯霉素、琥乙红霉素、乳糖酸红霉素、盐酸土霉素、盐酸四环素、盐酸金霉素、硫酸阿米卡星、硫酸卡那霉素、硫酸庆大霉素、硫酸链霉素、盐酸林可霉素、硫酸多黏菌素 B、氯化钙、葡萄糖酸钙、B 族维生素、维生素 C 等。

本品在体外对金黄葡萄球菌的抗菌作用可被林可霉素抑制;大肠杆菌、变形杆菌和肠杆菌属的抗菌作用可被卡那霉素加强。庆大霉素能加速氨苄西林对 B 组链球菌的体外杀菌作用。

【注意】 参见青霉素钠。对青霉素耐药的细菌感染不宜应用。对青霉素过敏的动物禁用,成年反刍动物禁止内服;马属动物不宜长期内服。本品溶解后应立即使用。其稳定性随浓度和温度而异,即两者愈高,稳定性愈差。在 5℃时 1% 氨苄西林钠溶液的效价能保持 7 天。在酸性葡萄糖溶液中分解较快,有乳酸和果糖存在时亦使稳定性降低,故宜以中性液体作溶剂。休药期,牛 6 日,猪 15 日。牛奶废弃期 2 日。

【用法与用量】 内服,一次量,每千克体重,犬、猫 20～30 毫克,一日 2～3 次,混饮;每升水禽 600 毫克。肌肉、静脉注射,一次量,每千克体重,家畜 10～20 毫克,一日 2～3 次,连用 2～3 日

【制剂与规格】 注射用氨苄西林钠:0.5 克;1 克;2 克。氨苄西林钠胶囊:0.25 克;0.5 克。氨苄西林钠可溶性粉:100 克;55 克。

2. 头孢菌素类(先锋霉素类)

该类药物杀菌力强、抗菌谱广、毒性小、过敏反应少、对酸和 β-内酰胺酶比青霉素类稳定。内服或注射;主要用于耐药金葡菌和革兰氏阴性杆菌感染,但很少作为首选药。

头孢羟氨苄

【作用】 抗菌作用类似头孢氨苄,但对沙门氏菌属、志贺氏菌属的抗菌作用比头孢氨苄弱。肠球菌属、肠杆菌属、绿脓杆菌等对本品耐药。内服后在胃酸中稳定,且吸收迅速,不受食物影响。

【用途】 主要用于犬、猫的呼吸道、泌尿生殖道、皮肤和软组织等部位的敏感菌感染。

【药物相互作用】 头孢菌素类有交叉过敏反应,病畜对一种头孢菌素或青霉素、青霉素衍生物过敏。也可能对其他头孢菌素过敏。肾功能严重减退时应将本品减量。有时会出现呕吐、腹泻、昏睡等不良反应。如发生呕吐,可投喂食物予以缓解。

【注意】 参见头孢氨苄。

【用法与用量】 内服,一次量,每千克体重,马 20 毫克,犬、猫 10～20 毫克,一日 1～2 次,连用 3～5 日。

【制剂与规格】 头孢羟氨苄胶囊 0.125 克;0.25 克;0.5 克。头孢羟氨苄片 0.125 克。

头孢噻呋

【作用】 具广谱杀菌作用,对革兰氏阳性、革兰氏阴性,包括

产β-内酰胺酶菌株均有效。敏感菌有巴斯德氏菌、放线杆菌、嗜血杆菌、沙门氏菌、链球菌、葡萄球菌等。抗菌活性比氨苄西林强,对链球菌的活性也比喹诺酮类抗菌药强。

本品肌肉和皮下注射后吸收迅速,血中和组织中药物浓度高,有效血药浓度维持时间长,消除缓慢,半衰期长。

【用途】 本品用于防治下列敏感菌所致的牛、马、猪、犬及1日龄雏鸡的疾患。

牛:主要用于溶血性巴斯德氏菌、多杀性巴斯德氏菌与昏睡嗜血杆菌引起的呼吸道病(运输热、肺炎)。对化脓棒状杆菌等呼吸道感染也有效。也可治疗坏死梭杆菌、产黑色拟杆菌引起的腐蹄病。

猪:用于胸膜肺炎放线杆菌、多杀性巴斯德氏菌、猪霍乱沙门氏菌与猪链球菌引起的呼吸道病(猪细菌性肺炎)。

马:主要用于兽疫链球菌引起的呼吸道感染。对巴斯德氏菌、马链球菌、变形杆菌、摩拉菌等呼吸道感染也有效。

犬:用于大肠杆菌与奇异变形菌引起的泌尿道感染。

1日龄雏鸡:防治与雏鸡早期死亡有关的大肠杆菌病。

【药物相互作用】 参见其他头孢菌素。

【注意】 参见其他头孢菌素。马在应激条件下应用本品可伴发急性腹泻,能致死。一旦发生立即停药,并采取相应治疗措施。注射用头孢噻呋钠按规定剂量、疗程和投药途径应用,无宰前休药期也无牛奶废弃期。盐酸头孢噻呋混悬注射液的休药期为:牛2日。主要经肾排泄,对肾功能不全动物要注意调整剂量。注射用头孢噻呋钠用前以注射用水溶解,使每毫升含头孢噻呋50毫克(2~8℃冷藏保效7天,15~30℃室温中保效12小时)。

【用法与用量】 肌肉注射,一次量,每千克体重,牛1.1~2.2毫克,马2.2~4.4毫克,猪3~5毫克,一日1次,连用3日。皮下注射,一次量,每千克体重,犬2.2毫克,一日1次,连用5~14日。1日龄雏鸡,每羽0.08~0.20毫克(颈部皮下)。

【制剂与规格】　盐酸头孢噻呋混悬注射液 100 毫升:5 克。注射用头孢噻呋钠 1 克,4 克。

头孢噻吩钠(先锋Ⅰ)

为半合成的第一代注射用头孢菌素。

【作用】　为广谱抗生素。但对革兰氏阳性菌活性较强。对革兰氏阴性菌相对较弱。本品对葡萄球菌产生的青霉素酶最为稳定,大肠杆菌、沙门氏菌属、志贺氏菌属、克雷伯氏菌属等革兰氏阴性菌呈中度敏感,而肠杆菌、绿脓杆菌等均高度耐药。

口服吸收很差,必须注射才能取得有治疗作用的血药浓度。

【用途】　主要用于耐青霉素酶金黄葡萄球菌及一些敏感革兰氏阴性菌所引起的呼吸道、泌尿道、软组织等感染及乳牛乳腺炎和败血症等。

【药物相互作用】　头孢噻吩与下列药物混合有配伍禁忌:硫酸阿米卡星、硫酸庆大霉素、硫酸卡那霉素、新霉素、盐酸土霉素、盐酸金霉素、盐酸四环素、硫酸黏菌素、乳糖酸红霉素、林可霉素、磺胺异恶唑、氯化钙等。偶然亦可能与青霉素、B 族维生素和维生素 C 发生配伍禁忌。

与氨基糖苷类抗生素或呋塞米、依他尼酸、布美他尼等强效利尿药合用可能增加肾毒性。

【注意】　对头孢菌素过敏动物禁用,对青霉素过敏动物慎用。局部注射可出现疼痛、硬块,故本品应作深部肌肉注射;肝、肾功能减退病畜慎用。稀释后的头孢噻吩钠注射液在室温中保存不能超过 6 小时,冷藏(2℃～10℃)可维持效价 48 小时。头孢噻吩钠 1.06 克相当于头孢噻吩 1 克。

【用法与用量】　肌内或静脉注射,一次量,每千克体重,马 10～20 毫克,犬、猫 10～30 毫克,禽 100 毫克,一日 3～4 次。

【制剂与规格】　注射用头孢噻吩钠 0.5 克;1 克。

头孢氨苄(先锋Ⅳ)

【作用】　抗菌谱相仿于头孢噻吩,但抗菌活性稍差。革兰氏阳性球菌中除肠球菌外,均对本品敏感。本品对部分大肠杆菌、奇异变形杆菌、克雷伯氏菌、沙门氏曲属、志贺氏菌属和棱杆菌属有抗菌作用,其他肠杆菌科细菌和绿脓杆菌均耐药。内服后吸收迅速而完全。

【用途】 用于敏感菌所致的呼吸道、泌尿道、皮肤和软组织感染。对严重感染不宜应用。

【药物相互作用】 丙璜舒可延迟本品的肾排泄,也可增加本品的胆道排泄。

【注意】 本品可引起犬流涎、呼吸急促和兴奋不安及猫呕吐、体温外高等不良反应。应用本品期间虽罕见肾毒时,但病畜肾功能严重损害或合用其他对肾有害的药物时则易于发生。对头孢菌素过敏动物禁用,对青霉素过敏动物慎用。

【用法与用量】 内服,一次量,每千克体重,马 20～30 毫克,犬、猫 10～20 毫克,一日 2～3 次。

【制剂与规格】 头孢氨苄胶囊 0.125 克;0.25 克。头孢氨苄片 0.125 克;0.25 克。

3. 大环内酯类

磷酸替米考星

【作用】 抗菌作用与泰乐菌素相似,主要抗革兰氏阳性菌,对少数革兰氏阴性菌和支原体也有效。其对胸膜肺炎放线杆菌、巴斯德氏菌及畜禽支原体的活性比泰乐菌素强。

内服或皮下注射本品后吸收快,组织穿透力强,分布容积大。肺和乳中浓度高。半衰期可达 1～2 日,体内维持时间长。

【用途】 主用于防治敏感菌引起的牛肺炎和乳房炎,也用于猪、鸡的支原体病。

【药物相互作用】 参见红霉素。本品与肾上腺素联用可促进猪死亡。

【注意】 本品禁止静脉注射。牛一次静脉注射 5 毫克/千克即致死,对猪、灵长类动物和马也有致死的危险性。肌肉注射和皮下注射均可出现局部反应(水肿等),亦不能与眼接触。皮下注射部位应选在牛肩后肋骨上的区域内。本品毒作用的靶器官是心脏,可引起心动过速和收缩力减弱,牛皮下注射50毫克/千克不致死,150毫克/千克则致死。猪肌肉注射10毫克/千克引起呼吸增数,呕吐和惊厥;20毫克/千克可使3/4的试验猪死亡。猴一次肌肉注射10毫克/千克无中毒症状,20毫克/千克引起休克,30毫克/千克则致死。应用本品时应密切监视心血管状态。本品的注射用药慎用于除牛以外的动物。休药期牛皮下注射28日,猪内服14日。产奶期奶牛和肉小犊禁用。

【用法与用量】 皮下注射,一次量,每千克体重牛10毫克,2~3日一次,每个注射点不超过15毫升。混饲,每1 000千克饲料,猪200~400克(以替米考星计)。

【制剂与规格】 磷酸替米考星注射液50毫升:15克;100毫升:30克;250毫升:75克。

磷酸替米考星预混剂1 000克:200克。

泰乐菌素

【作用】 抗菌作用机理和抗菌谱与红霉素相似。对革兰氏阳性菌和一些阴性菌有效。敏感菌有金黄葡萄球菌、化脓链球菌、肺炎链球菌、化脓棒状杆菌等。对支原体属特别有效,是大环内酯类中抗支原体作用最强的药物之一。

酒石酸泰乐菌素内服后易从胃肠道(主要是肠道)吸收。给猪内服后1小时即达血药峰浓度。磷酸泰乐菌素则较少被吸收。泰乐菌素碱基注射液皮下或肌肉注射能迅速吸收。泰乐菌素吸收后同红霉素一样在体内广泛分布,注射给药的脏器浓度比内服高2~3倍,但不易透入脑脊液。

【用途】 主要用于防治猪、禽支原体病,如鸡的慢性呼吸道病和传染性窦腔炎及猪的支原体肺炎和支原体关节炎。对敏感菌并发的支原体感染尤为有效。本品也用于治疗牛巴斯德氏菌引起的肺炎、运输热和化脓放线菌引起的腐蹄病以及猪巴斯德氏菌引起的肺炎和猪痢疾密螺旋体引起的下痢。

【药物相互作用】　参见红霉素。

【注意】　本品的水溶液遇铁、铜、铝、锡等离子可形成络合物而减效。细菌对其他大环内酯类耐药后,对本品常不敏感。本品较为安全。鸡皮下注射有时仅发生短暂的颜面肿胀,猪亦偶见直肠水肿和皮肤红斑、瘙痒等反应。产蛋母鸡和泌乳奶牛禁用。马属动物注射本品易致死,禁用。休药期:注射牛 21 日,产奶牛禁用。猪 14 日。

【用法与用量】　肌肉注射,一次量,每千克体重,牛 18 毫克,猪 9 毫克,一日 2 次,连用 5 日。

【制剂与规格】　泰乐菌素注射液 50 毫升:2.5 克(250 万单位);50 毫升:10 克(1 000 万单位);100 毫升:5 克(500 万单位);100 毫升:20 克(2 000 万单位)。

红霉素

【作用】　抗菌谱近似青霉素,对革兰阳氏性菌如金葡菌(包括耐青霉素菌株)、肺炎球菌、链球菌、炭疽杆菌、猪丹毒丝菌、李斯特氏菌、腐败棱菌、气肿疽梭菌等均有较强的抗菌作用。敏感的革兰氏阴性菌有流感嗜血杆菌、脑膜炎球菌、布鲁氏菌、巴斯德氏菌等,不敏感者大多为肠道杆菌,如大肠杆菌、沙门氏菌等;此外。对弯杆菌、某些螺旋体、支原体、立克次体和衣原体等也有良好作用。

细菌对红霉素已出现不断增长的耐药性,使用疗程较长还可出现诱导性耐药。

【用途】　主要用于耐青霉素金黄葡萄球菌及其他敏感菌所致的各种感染,如肺炎、子宫炎、乳腺炎、败血症等。对鸡支原体病(慢性呼吸道病)和传染性鼻炎也有相当疗效。也可配成眼膏或软膏用于皮肤和眼部感染。红霉素可作为青霉素过敏动物的替代药物。

【药物相互作用】　红霉素对氯霉素和林可霉素类的效应有拮抗作用,不宜同用。β-内酰胺类药物与本品(作为抑菌剂)联用时,可干扰前者的杀菌效果。故在治疗需要发挥快速杀菌作用的疫患时,两者不宜同用。

【注意】 本品忌与酸性物质配伍。内服虽易吸收,但能被胃酸破坏,可应用肠溶片或耐酸的依托红霉素即红霉素丙酸酯的十二烷基硫酸盐。

【用法与用量】 内服,一次量,每千克体重,犬、猫10～20毫克,一日2次,连用3～5日。外用,将眼膏或软膏涂于眼睑内或皮肤黏膜上。(制剂与规格)红霉素肠溶片0.125克(12.5万单位);0.25克(25万单位)。红霉素片0.05克(5万单位);0.125克(12.5万单位);0.25克(25万单位)。红霉素软膏1%。红霉素眼膏0.5%。

吉他霉素(北里霉素)

【作用】 抗菌谱近似红霉素,作用机制与红霉素相同。对大多数革兰氏阳性菌的抗菌作用略差于红霉素,对支原体的作用接近泰乐菌素,对某些革兰氏阴性菌、立克次氏体、螺旋体也有效。对耐药金葡菌的作用优于红霉素、氯霉素和四环素。

本品内服吸收良好,2小时达血药峰浓度。广泛分布于主要脏器,在肝、肺、肾、肌肉中浓度较高,常超过血药浓度。主要经肝胆系统排泄,在胆汁和粪中浓度高。少量经肾排泄。给鸡内服每千克体重300毫克剂量,24小时后在脏器中无明显残留,但连用3天,需1周后才无药物残留,猪停药3天后无组织残留。

【药物相互作用】 本品与红霉素交叉耐药,对长期应用红霉素的鸡场,宜少用。

【注意】 参见红霉素。

【用法与用量】 内服,一次量,每千克体重,猪20～30毫克,禽20～50毫克,一日2次,连用3～5日。

【制剂与规格】 吉他霉素片5毫克(5万单位);50毫克(5万单位);100毫克(10万单位)。

4.β-内酰胺酶抑制剂

克拉维酸钾（棒酸钾）

【作用】 本品抗菌机理同于青霉素等β-内酰胺类抗生素,但抗菌活性微弱,本品可与多数β-内酰胺酶结合成不可逆性结合物,从而对金黄葡萄球菌和多种革兰氏阴性菌所产生的β-内酰胺酶均有快速抑制作用。这种作用可使阿莫西林、氨苄西林、头孢噻啶等不耐酶抗生素的抗菌谱增广,抗菌活性增强,从而产生协同抗菌作用。本品与阿莫西林混合,已有人用和兽用制剂。此种联合制剂的体外药敏试验,证明对以下多种兽医临床病原菌,包括产生β-内酰胺酶的细菌均有效,金黄葡萄球菌、表皮葡萄球菌、中间葡萄球菌、链球菌(粪链球菌等)、支气管炎博德特菌、棒状杆菌(化脓棒状杆菌等)、大肠杆菌、变形杆菌(奇异变形杆菌)、肠杆菌属、肺炎克雷伯氏菌、鼠伤寒沙门氏菌、巴斯德氏菌(多杀性巴斯德氏菌、溶血性巴斯德氏菌等)、猪丹毒丝菌。

【用途】 本品单独应用无效。常与青霉素类药物联用,以克服细菌产生β-内酰胺酶引起耐药性,而提高疗效。主用于产酶和不产酶金黄葡萄球菌、葡萄球菌、链球菌、大肠杆菌、巴斯德氏菌等引起的犬、猫皮肤和软组织,感染。亦用于敏感菌所致的呼吸道和泌尿道感染。

【药物相互作用】 犊内服休药期4日;牛注射休药期14日;牛奶废弃期1日。

本品性质极不稳定。易吸湿失效。原料药应严封在-20℃以下干燥处保存。需特殊工艺制剂,才能保证药效。

【注意】 参见阿莫西林。

【用法与用量】 内服,一次量,每千克体重,家畜10～15毫克(以阿莫西林计),一日2次。皮下、肌肉注射,一次量,每千克体重,家畜6～7毫克(以阿莫西林计),一日1次。

【制剂与规格】 阿莫西林克拉维酸钾片0.125克(阿莫西林0.1克与克拉维酸0.025克)。注射用阿莫西林克拉维酸钾1.2克

（阿莫西林1克与克拉维酸0.2克）。

舒巴坦钠（青霉烷砜钠）

【作用】　本品对革兰氏阳性与阴性菌（绿脓杆菌除外）所产生的β-内酰胺酶有抑制作用，与青霉素类和头孢菌素类抗生素合用能产生协同抗菌作用，使耐药菌（金黄葡萄球菌、大肠杆菌等）的最低抑菌浓度降到敏感范围。本品单用时抗菌作用很弱，对金黄葡萄球菌、表皮葡萄球菌及肠杆菌科细菌的最低抑菌浓度多超过25微克/毫升。肠球菌属和绿脓杆菌对本品耐药。

内服吸收很少，注射后很快分布到各组织中，在血、肾、心、肺、肝中的浓度均较高。主要经肾排泄，尿中浓度很高。

【用途】　本品与氨苄西林联用可治疗敏感菌所致的呼吸道、泌尿道、皮肤软组织、骨和关节等部位感染以及败血症等。兽医临床可据情试用。

【药物相互作用】　丙磺舒与舒巴坦、氨苄西林合用可减少后两药的经肾排泄，使血药浓度增高并延长。

【注意】　舒巴坦/氨苄西林禁用于对青霉素类抗生素过敏动物。国内的主要产品是供静脉或肌肉注射用的舒他西林，为氨苄西林钠与舒巴坦钠（2∶1）的混合物，此制剂的水溶液不稳定，不能用于内服。另有托西酸舒他西林系舒巴坦与氨苄西林（1∶1摩尔比）的双酯结构化合物的甲苯磺酸盐，内服吸收迅速，经肠壁酯酶水解为舒巴坦与氨苄西林而起联合抗菌作用。

【用法与用量】　本品在兽医临床上未见确切资料。

【制剂与规格】　注射用舒他西林0.75克（氨苄西林0.5克与舒巴坦0.25克）；1.50克（氨苄西林1克与舒巴坦0.5克）。托西酸舒他西林片，按舒他西林计算，0.125克；0.25克；0.375克。

5. 氨基糖苷类抗生素

本类药物的主要共同特征为内服吸收少，可作为肠道感染用药；注射给药吸收快，大部分以原形从尿中排出，适用于泌尿道感染；对革兰氏阴性杆菌作用强，对革兰氏阳性菌作用弱；有不同程度的肾脏毒性。

硫酸卡那霉素

【作用】 对大多数革兰氏阴性杆菌如大肠杆菌、变形杆菌、沙门氏菌、多杀性巴斯德氏菌等有强大抗菌作用。金黄葡萄球菌和结核杆菌也敏感。绿脓杆菌、革兰氏阳性菌(金葡菌除外)、厌氧菌、立克次体、真菌、病毒等对本品耐药。

内服吸收不良,大部分不经变化由粪便排出。肌肉注射后迅速被吸收,0.5～1.5小时达血药峰浓度(马1.67小时、水牛1.32小时、黄牛0.72小时、奶山羊0.75小时、猪1.08小时)。局部应用后亦有一定量从体表吸收。广泛分布于胸水、腹水和实质器官中,但很少渗入唾液、支气管分泌物和正常脑脊液中。脑膜有炎症时脑脊液中的药物浓度可提高1倍左右。本品在胆汁和粪便中浓度很低。

【用途】 内服用于治疗敏感菌所致的肠道感染。肌肉注射用于敏感菌所致的各种严重感染,如败血症、泌尿生殖道感染。呼吸道感染、皮肤和软组织感染等。也曾用于缓解猪喘气病症状。

【药物相互作用】 参见硫酸链霉素。

【注意】 参见硫酸链霉素。

【用法与用量】 肌肉注射,一次量,家畜10～15毫克,一日2次,连用2～3日。

【制剂与规格】 注射用硫酸卡那霉素0.5克(50万单位);1克(100万单位);2克(200万单位)。

硫酸卡那霉素注射液2毫升;0.5克(50万单位)。

硫酸链霉素

【作用】 链霉素对结核杆菌和多种革兰氏阴性杆菌(如大肠杆菌、沙门氏菌、布鲁氏菌、巴斯德氏菌、志贺氏痢疾杆菌、鼻疽杆菌等)有抗菌作用。对金黄葡萄球菌等多数革兰氏阳性球菌的作用差。与青霉素合用具协同杀菌作用。链球菌、绿脓杆菌和厌氧菌对本品耐药。细菌接触本品后极易产生耐药性,短期内即达到很高程度。本品在较低浓度时抑菌,较高浓度则杀菌。在弱碱性(pH 为 7.8)环境中抗菌活性最强,酸性(pH 为 6 以下)时则下降。

内服极少吸收,肌肉注射后吸收良好。

【用途】 用于治疗各种敏感菌的急性感染,如家畜的呼吸道感染(肺炎、咽喉炎、支气管炎)、泌尿道感染、牛流感、放线菌病、钩端螺旋体病、细菌性胃肠炎、乳腺炎及家禽的呼吸系统病(传染性鼻炎等)、细菌性肠炎等。也可用于控制乳牛结核病的急性暴发(每天注射,连续 6~7 日)。

【药物相互作用】 与其他氨基糖苷类同用或先后连续局部或全身应用,可能增加对耳、肾及神经肌肉接头等的毒性作用,使听力减退、肾功能降低及骨骼肌软弱、呼吸抑制等。后者可用抗胆碱酯酶药(新斯的明)、钙剂等进行解救。

与多黏菌素类合用,或先后连续局部或全身应用。可能增加对肾和神经肌肉接头的毒性作用。

【注意】 链霉素对其他氨基糖苷类有交叉过敏现象。对氨基糖苷类过敏的患畜应禁用本品。患畜出现失水(可致血药浓度增高)或肾功能损害时慎用。用本品治疗泌尿道感染时,宜同时内服碳酸氢钠使尿液呈碱性。本品内服极少吸收,仅适用于肠道感染。

【用法与用量】 内服,一次量,驹、犊 1 克,一日 2~3 次,仔猪、羔羊 0.25~0.5 克,一日 2 次。

混饮,每升水,禽 30~120 毫克。

肌肉注射,一次量,每千克体重,家畜 10~15 毫克,家禽 20~30 毫克,一日 2 次,连用 2~3 日。

【制剂与规格】 注射用硫酸链霉素 0.75 克(75 万单位);1 克(100 万单位);2 克(200 万单位);5 克(500 万单位)。

硫酸庆大霉素

【作用】 对多种革兰氏阴性菌(如大肠杆菌、克雷伯氏菌、变形杆菌、绿脓杆菌、巴斯德氏菌、沙门氏菌等)及金黄葡萄球菌(包括产 β-内酰胺酶菌株)均有抗菌作用。多数链球菌(化脓链球菌、肺炎球菌、粪链球菌等)、厌氧菌(类杆菌属或梭状芽孢杆菌属)、结核杆菌、立克次体、真菌和病毒等对本品耐药。

本品内服或子宫内灌注很少吸收。肌肉注射后吸收迅速而完全。

【用途】 用于敏感菌引起的败血症、泌尿生殖系统感染、呼吸道感染、胃肠道感染(包括腹膜炎)、胆道感染、乳腺炎及皮肤、软组织感染。内服不吸收,用于肠道感染。

【药物相互作用】 参见本节前言及硫酸链霉素。

本品与青霉素 G 联合,对链球菌具协同作用。

有呼吸抑制作用,不可静脉推注。

休药期:猪肌肉注射 40 日;内服 3～10 日。

【注意】 参见硫酸链霉素。

【用法与用量】 内服,一日量,每千克体重,驹、犊、仔猪、羔羊 10～15 毫克,2～3 次分服。

肌肉注射,一次量,每千克体重,家畜 2～4 毫克,犬、猫 3～5 毫克,一日 2 次,连用 2～3 日。

【制剂与规格】 硫酸庆大霉素片 20 毫克(2 万单位);40 毫克(4 万单位)。

硫酸庆大霉素注射液 2 毫升:0.08 克(8 万单位);5 毫升:0.2 克(20 万单位);10 毫升:0.2 克(20 万单位);10 毫升:0.4 克(40 万单位)。

硫酸庆大霉素滴眼液 8 毫升 4 万单位(40 毫克)。

硫酸阿米卡星(硫酸丁胺卡那霉素)

【作用】 本品对多数细菌的作用与卡那霉素相似或略优,一般比庆大霉素差。对各种革兰氏阴性菌和阳性菌、绿脓杆菌等均有较强的抗菌活性。但链球菌、肺炎球菌、肠球菌霉太多耐药。对厌氧菌、立克次体、真菌和病毒均无效,本品对多种肠道阴性杆菌和绿脓杆菌所产生的钝化酶(乙酰转移酶、磷酸转移酶和核苷转移酶)稳定。当细菌对其他氨基糖苷类耐药后,对本品还常敏感。本品与半合成青霉素类或头孢菌素类联合常有协同抗菌效应。如对绿脓杆菌可与羧苄西林联合;对肺炎球菌可与头孢菌素类联合;对大肠杆菌、金黄葡萄球菌可与头孢噻肟联合。

本品内服或子宫内灌注很少吸收,肠黏膜发炎、出血或溃疡时可吸收相当量。

【用途】 国外用于犬大肠杆菌、变形杆菌引起的泌尿生殖道感染(膀胱炎)及绿脓杆菌、大肠杆菌引起的皮肤和软组织感染。尤其适用于革兰氏阴性杆菌中对卡那霉素、庆大霉素或其他氨基糖苷类耐药的菌株所引起的感染。其他动物可酌情试用。也可子宫灌注治疗大肠杆菌、绿脓杆菌、克雷伯氏菌引起的马子宫内膜炎、子宫炎和子宫蓄脓。

【注意】 参见其他氨基糖苷类。患畜应足量饮水,以减少肾小管损害。长期用药可导致耐药菌过度生长。阿米卡星与羧苄西林不可在同一容器内混合应用。本品不可直接静脉注射,以免发生神经肌肉阻滞和呼吸抑制。由于具不可逆的耳毒性,慎用于需要敏锐听觉的特种犬。

【用法与用量】 皮下、肌肉注射,一次量,每千克体重,马、牛、羊、猪、犬、猫5~10毫克,禽15毫克,一日2~3次,连用2~3日。

子宫灌注,一次量,马2克溶入200毫升灭菌生理盐水中,一日1次,连用3日。

【制剂与规格】 硫酸阿米卡星注射液1毫升:0.1克(10万单位);2毫升:0.2克(20万单位)。

注射用硫酸阿米卡星0.2克(20万单位)。

盐酸大观霉素

【作用】 大观霉素对多种革兰氏阴性杆菌如大肠杆菌、肠杆菌属、沙门氏菌属,志贺氏菌属、变形杆菌等有中度抑菌活性。绿脓杆菌和密螺旋体通常耐药。A组链球菌、肺炎球菌、表皮葡萄球菌和某些支原体(如鸡败血性支原体、火鸡支原体、鸡滑液囊支原体、猪鼻支原体、猪滑膜支原体)常呈敏感。草绿色链球菌和金黄葡萄球菌多不敏感。

【用途】 主要用于猪、鸡和火鸡。防治仔猪的肠道大肠杆菌病（白痢）及肉鸡的慢性呼吸道病和传染性滑囊炎。也有助于平养鸡的增重和改善饲料效率。对 1～3 日龄火鸡雏和刚出壳的雏鸡皮下注射可防治火鸡的气囊炎（火鸡支原体感染）和鸡的慢性呼吸道病（大肠杆菌伴发）。亦能控制关节液支原体、鼠伤寒沙门氏菌和大肠杆菌等感染的死亡率，降低感染的严重程度。

【注意】 大观霉素与氯霉素或四环素同用呈拮抗作用。注射应用的安全性大于其他氨基糖苷类抗生素。火鸡雏每只皮下注射50 毫克未见不良反应，90 毫克产生短暂共济失调和昏迷，约 4 小时后康复。本品的耳毒性和肾毒性低于其他常用的氨基糖苷类抗生素，但能引起神经肌肉阻滞作用，注射钙制剂可解救。内服的休药期，猪 21 日，鸡 5 日，产蛋期禁用。

【用法与用量】 内服，一次量，每千克体重，仔猪 10 毫克，一日 2 次，连用 3～5 日。

混饮，每升水，鸡 1～2 克，连用 3～5 日。

皮下注射，每只火鸡雏 10 毫克，雏鸡 2.5～5.0 毫克。

【制剂与规格】 盐酸大观霉素可溶性粉 5 克∶2.5 克（250 万单位）；50 克∶25 克（2 500 万单位）；100 克∶50 克（5 000 万单位）。

注射用盐酸大观霉素 2 克（200 万单位）。

硫酸新霉素

【作用】 抗菌范围与卡那霉素相仿。对金黄葡萄球菌及肠杆菌科细菌（大肠杆菌等）有良好抗菌作用。细菌对新霉素可产生耐药性，但较缓慢，且在链霉素、卡那霉素和庆大霉素间有部分或完全的交叉耐药性。

新霉素内服与局部应用很少被吸收，内服后只有总量的 3% 从尿液排出，大部分不经变化从粪便排出。肠黏膜发炎或有溃疡时可吸收相当量。注射后很快吸收，其体内过程与卡那霉素相似。

【用途】　注射毒性大,已禁用,内服用于肠道感染,局部应用对葡萄球菌和革兰阴性杆菌引起的皮肤、眼、耳感染及子宫内膜炎等也有良好疗效。

【药物相互作用】　参见本节前言及其他氨基糖苷类药物。

本品毒性反应比卡那霉素大,注射后可引起明显的肾毒性和耳毒性。内服本品可影响维生素 A 或维生素 B_{12} 及洋地黄苷类的吸收。

休药期,内服,牛 1 日;猪 3 日,羊 2 日;鸡 5 日。

【注意】　参见本节前言及其他氨基糖苷类药物。

【用法与用量】　内服,一次量,每千克体重,牛、猪、羊 10 毫克,尺、猫 10～20 毫克,一日 2 次,连用 3～5 日。

混饮,每升水,禽 50～75 毫克。(制剂与规格)硫酸新霉素片0.1 克(10 万单位);0.25 克(25 万单位)。

硫酸新霉素可溶性粉 10.0 克：3.25 克(325 万单位);100 克：6.5 克(650 万单位);100 克：32.5 克(3 250 万单位)。

硫酸新霉素滴眼液 8 毫升(4 万单位)。

硫酸安普霉素

【作用】　对多种革兰氏阴性菌(大肠杆菌、假单孢菌、沙门氏菌、克雷伯氏菌、变形杆菌、巴斯德氏菌、猪痢疾密螺旋体、支气管炎博德特菌)及葡萄球菌和支原体均具有杀菌活性。

本品内服可部分被吸收,新生畜尤易吸收。吸收量同用量有关,可随动物年龄增长而减少。药物以原型通过肾排泄。

【用途】　主要用于治疗猪大肠杆菌病和其他敏感菌所致的疾病。也可治疗犊牛肠杆菌和沙门氏菌引起的腹泻。对鸡的大肠杆菌、沙门氏菌及部分支原体感染也有效。

【药物相互作用】　参见其他氨基糖苷类。

本品应密封贮存于阴凉干燥处,注意防潮。

本品遇铁锈能失效,饮水系统中要注意防锈。也不要与微量元素补充剂相混合。

饮水给药必须当天配制。

休药期:鸡7日,猪21日。产蛋期禁用。

【注意】 参见其他氨基糖苷类。

【用法与用量】 混饲:每1 000千克饲料,猪80～100克(以安普霉素计),连用7日。

混饮,每升水,鸡0.25～0.5克(以安普霉素计),连用5日。

【制剂与规格】 硫酸安普霉素可溶性粉100克：40克(4 000万单位);100克：50克(5 000万单位)。

硫酸安普霉素预混剂1 000克：20克(2 000万单位);1 000克：30克(3 000万单位);1 000克：100克(10 000万单位);1 000克：165克(16 500万单位)。

盐酸大观-林可霉素可溶性粉。本品由盐酸大观霉素、盐酸林可霉素按2：1比率,加乳糖或葡萄糖配制而成。

【作用】 本品对革兰氏阳性和阴性菌均有高效抗菌作用,抗菌范围和活性比单用明显扩大和增强。

【用途】 本品作为饮水剂主要用于防治鸡大肠杆菌病和慢性呼吸道病。对火鸡雏的气囊炎(火鸡支原体感染)也有效。也用于大肠杆菌、沙门氏菌引起的猪下痢、细菌性肠炎及敏感菌引起的猪传染性关节炎。

【注意】 参见林可霉素和大观霉素。

兔、仓鼠、豚鼠、马或反刍动物经口摄入本品可能引发严重的胃肠道反应。

本品对鸡、火鸡和猪的毒性低。以5克/升给鸡饮服,仅见粪便稀软、盲肠肿大、内有泡状或水样内容物。火鸡连续7日饮用7.5克/升,仅见饮水量增多。猪饮用0.06克/升,连续5日出现短暂性软粪,偶见肛门区域刺激症状;0.6克/升则常发下痢、肛门刺激,偶见肛门垂脱。

本品对猪、禽无休药期。

【用法与用量】 内服,一次量,每千克体重,猪10毫克,禽50～

150毫克(效价),一日1次,连用3～7日。混饮,每升水,猪0.06克,禽0.5～0.8克(效价),连饮3～7日。

【制剂与规格】 5克:大观霉素2克(200万单位)与林可霉素1克(100万单位);50克:大观霉素20克(2 000万单位)与林可霉素10克(1 000万单位);100克:大观霉素40克(4 000万单位)与林可霉素20克(2 000万单位)。

6. 多肽类

硫酸黏菌素(硫酸多黏菌素E)

【作用】 属窄谱抗生素。主要对革兰氏阴性菌有强大抗菌作用,敏感菌有绿脓杆菌、大肠杆菌、肠杆菌属、克雷伯氏菌属、沙门氏菌属、志贺氏菌属、巴斯德氏菌和弧菌等。而变形杆菌属、布鲁氏菌属、沙雷氏菌属和所有革兰氏阳性菌均对本品耐药。多黏菌素类为慢效杀菌剂。

本品内服很少吸收,吸收后药物在体内分布较差,持续时间短暂。

【用途】 主用于治疗革兰氏阴性杆菌(大肠杆菌等)引起的肠道感染,对绿脓杆菌感染(败血症、尿路感染、烧伤或外伤创面感染)也有效。

【药物相互作用】 磺胺药、甲氧苄啶和利福平均可增强本品对大肠杆菌、肠杆菌属、肺炎杆菌、绿脓杆菌等的抗菌作用。

本品能增强两性霉素B对球孢子菌等的抗菌作用。与肌松药和神经肌肉阻滞剂(如氨基糖苷类抗生素等)合用可能引起肌无力和呼吸暂停。

【注意】 本品内服很少吸收,不用于全身感染。本品吸收后,对肾脏和神经系统有明显毒性,在剂量过大或疗程过长,以及注射给药和肾功能不全时均有中毒的危险性。休药期:猪、鸡7日。

【用法与用量】 内服,一次量,每千克体重,犊、仔猪1.5～5毫克单位,禽3～8毫克单位,一日1～2次。

混饲,每1 000千克饲料,犊牛5～40克,仔猪2～20克,鸡2～

20 克(以黏菌素计)。

混饮,每升水,猪 40～100 毫克,鸡 20～60 毫克(以黏菌素计),连用不超过 7 日。

【制剂与规格】 硫酸黏菌素可溶性粉 100 克：2 克(6 000 万单位)。

硫酸黏菌素预混剂 100 克：2 克；100 克：4 克；100 克：10 克。

杆菌肽

【作用】 对革兰氏阳性菌具高度抗菌活性,尤其对金黄葡萄球菌和链球菌属作用强大。对某些螺旋体、放线菌属也有一定作用。对革兰氏阴性杆菌无效。本品主要抑制细菌细胞壁的合成,也能损伤细胞膜。使细菌胞内重要物质外流,属慢效杀菌剂。二价金属离子(特别是锌离子)能加强本品的抗菌效能。细菌对本品较少产生耐药性,且与其他抗生素无交叉耐药现象。

杆菌肽内服几乎不被吸收,肌肉注射后 2 小时可选血药峰浓度。在体内广泛分布,除胆汁、肝、肾外,在器官组织内分布量较少。主要经肾排泄,排泄迅速,24 小时后除胆汁、肝、肾外,已无残留。本品乳室内注入后,在乳中残留时间不超过 72 小时。

【用途】 本品不适合全身性治疗。可内服治疗家畜的细菌性腹泻和猪的密螺旋体性泻痢。局部外用其眼膏、软膏或复方软膏治疗敏感菌所致的皮肤伤口、软组织、眼、耳、口腔等部位感染。

【药物相互作用】 与青霉素、链霉素、新霉素、多黏菌素、金霉素联用有协同抗菌作用。与喹乙醇、吉他霉素、维吉尼亚霉素、恩拉霉素存在配伍禁忌。

【注意】 水溶液宜低温保存,在 pH 为 4～7,4℃中冷藏 2～3个月,活性仅丧失 10%。本品进入体内对肾脏有严重毒性,能引起肾功能衰竭,故目前仅限于局部应用。本品注射给药的急性毒性大于内服,如小鼠 LD50。(毫克/千克):静脉注射 360 毫克,腹腔注射 420 毫克,皮下注射 1 300～2 500 毫克,内服 3 700 毫克。

【用法与用量】 外用局部涂敷或点眼。

【制剂与规格】 杆菌肽软膏 8 克(4 000 单位)。杆菌肽眼膏 2 克(1 000 单位)。复方新霉素软膏 1 000 克(硫酸新霉素 200 万单位与杆菌肽 25 万单位)。

恩拉霉素

【作用】 对革兰氏阳性菌有显著抑菌作用,主要阻碍细菌细胞壁的合成。敏感细菌有金黄葡萄球菌、表皮葡萄球菌、柠檬色葡萄球菌、酿脓链球菌等。而肺炎球菌、枯草杆菌、炭疽杆菌、破伤风梭菌、肉毒梭菌、产气荚膜梭菌亦较敏感。布鲁氏菌、沙门氏菌、志贺氏菌属等兰氏阴性菌对本品耐药。

本品内服难吸收。给动物肌肉注射后 0.5 小时血清中即达治疗浓度,6 小时达峰值,有效血浓度能维持 24 小时左右。体内分布以肾的药物浓度升高最快,肝、脾上升稍缓。药物主要从尿排出,国内报道鸡饲喂 10 毫克/千克的药料浓度在组织中检不出残留药物。

【用途】 用作饲料药物添加剂、低浓度长期添加可促进猪禽生长。

【药物相互作用】 禁与四环素、吉他霉素、杆菌肽、维吉尼霉亚素并用。

【注意】 内服安全。每 1 000 千克饲料添加 22 克,给鸡饲喂 300 天,对增重及产蛋等性能均无不良影响。对猪的增重效果以连喂两个月为佳,再继续应用,效果即不明显。休药期:猪、鸡 7 日。

【用法与用量】 参见饲料药物添加剂章节。

【制剂与规格】 参见饲料药物添加章节。

硫酸多黏菌素 B

【作用】 同硫酸黏菌素。本品在肾、肺、肝等组织中的浓度比黏菌素低,而在脑组织中的浓度则比后者高。

【用途】 用于治疗绿脓杆菌和其他革兰氏阴性杆菌所致的败血症及肺、尿路、肠道、烧伤创面等感染和乳腺炎等。

【药物相互作用】 同硫酸黏菌素。本品的肾毒性比黏菌素更明显,肾功能不全患畜应减量。一般不采用静脉注射,因可能引起呼吸抑制。

【注意】 同硫酸黏菌素。

【用法与用量】 肌肉注射,一日量,每千克体重,马、牛、猪、羊1毫克,分2次注射。乳管注入每一乳室,牛5~10毫克。子宫腔注入,牛10毫克。

【制剂与规格】 注射用多黏菌素 B 50 毫克(50 万单位)。

7. 四环素类抗生素

盐酸多西环素(强力霉素)

【作用】 抗菌谱基本同土霉素。抗菌活性略强于土霉素和四环素。内服后易于吸收。

【用途】 适应证同土霉素。尤适用于肾功能减退患畜。

【药物相互作用】 参见土霉素。犬、猫内服常引起恶心、呕吐,可进食以缓和此种反应。给马静脉注射多西环素,即使低剂量,亦常伴发心脏节律不齐、虚脱和死亡。

【注意】 参见土霉素。(用法与用量)内服,一次量,每千克体重,猪、驹、犊、羔3~5毫克,犬、猫5~10毫克,禽15~25毫克,一日1次,连用3~5日。

【制剂与规格】 盐酸多西环素片 0.05 克;0.1 克。

盐酸金霉素

【作用与用途】 抗菌作用、不良反应及临床用途同土霉素,因刺激性强现已不用于全身感染。多作为外用制剂和饲料药物添加剂的原料。

【用法与用量】 内服剂量同土霉素。家禽也可按$(200\sim600)\times10^{-6}$浓度混饲给药,一般不超过 5 日。以 500×10^{-6} 浓度混饲给药,可消灭鹦鹉和鸽体内的鹦鹉热病原体。也可将金霉素塞入子宫内治疗子宫内膜炎。牛 1 克,羊、猪 0.5 克,隔日一次,连用3~5日。

盐酸金霉素眼膏可防治四环素类敏感菌引起的浅表眼部感

染。规格为 0.5%,涂入眼睑内,每 2～4 小时一次。虽用于局部电可能使四环素类过敏动物发生过敏反应,并能促进耐药菌株生长。

土霉素

【作用】 本品具广谱抑菌作用,敏感菌包括肺炎球菌、链球菌、部分葡萄球菌、炭疽杆菌、破伤风杆菌、棒状杆菌等革兰氏阳性菌以及大肠杆菌、巴斯德氏菌、沙门氏菌、布鲁氏菌、嗜血杆菌、克雷伯氏菌和鼻疽杆菌等革兰氏阴性菌。对支原体(如猪肺炎支原体)、衣原体、立克次体、螺旋体等亦有一定程度的抑制作用。

土霉素内服易吸收,但不完全。

【用途】 用于防治巴氏杆菌病、布氏杆菌病、炭疽及大肠杆菌和沙门氏菌感染、急性呼吸道感染、马鼻疽、马腺疫和猪支原体肺炎等。对敏感菌所致泌尿道感染,宜同服维生素 C 酸化尿液。亦常用作饲料药物添加剂,除可一定程度地防治疾病外,还能改善饲料的利用效率和促进增重。

【药物相互作用】 与碳酸氢钠同用,可能升高胃内 pH 值,而使四环素类的吸收减少及活性降低。与钙盐、铁盐或含金属离子钙、镁、铝、铋、铁等的药物(包括中草药)同用时可与四环素类形成不溶性络合物,减少药物的吸收。与强利尿药如呋噻米等同用可使肾功能损害加重。

四环素类属快效抑菌药,可干扰青霉素类对细菌繁殖期的杀菌作用,宜避免同用。

【注意】 本品应避光密闭,在凉暗的干燥处保存。忌日光照射。忌与含氯量多的自来水和碱性溶液混合。不用金属容器盛药。内服时避免与乳制品和含钙、镁、铝、铁、铋等药物及含钙量较高的饲料伍用。食物可阻滞四环素类吸收,宜饲前空腹服用。成年反刍动物、马属动物和兔不宜内服四环素类,因易引起消化紊乱,导致减食、腹胀、下痢及维生素 B、维生素 K 缺乏等症状。长期应用可诱发耐药细菌和真菌的二重感染,严重者引起败血症而死亡。马有时在注射后亦可发生胃肠炎,宜慎用。患畜肝、肾功能严重损害时忌用四环素类药物。

休药期:内服,牛、羊 7 日,产奶期禁用;猪 5 日。注射,牛 22 日,产奶期禁用;猪 20 日。

【用法与用量】 内服,一次量,每千克体重,猪、驹、犊、羔 10～25 毫克,犬 15～50 毫克,禽 25～50 毫克,一日 2～3 次,连用 3～5 日。

静脉注射,一次量,每千克体重,家畜 5～10 毫克,一日 2 次,连用 2～3 日。

【制剂与规格】 土霉素片 0.05 克(5 万单位);0.125 克(12.5 万单位);0.25 克(25 万单位)。

8. 氯霉素类药物

甲砜霉素

【作用】 为广谱抗生素,对革兰氏阳性菌和阴性菌等都有作用,是伤寒杆菌、副伤寒杆菌、沙门氏杆菌感染的首选药。

【用途】 主用于敏感菌引起的呼吸道、泌尿道和肠道等感染。

【注意】 本品也有血液系统毒性,主要为可逆性的红细胞生成抑制,但未见再生障碍性贫血的报道。肾功能不全患畜要减量或延长给药间期。本品有较强的免疫抑制作用,约比氯霉素强 6 倍。对疫苗接种期间的动物或免疫功能严重缺损的动物应禁用。欧盟及日本和美国均禁用食品动物。

【用法与用量】 内服,一次量,每千克体重,畜禽 5～10 毫克,一日 2 次,连用 2～3 日。

【制剂与规格】 甲砜霉素片 25 毫克;100 毫克;125 毫克;250 毫克。

甲砜霉素散 10 克:甲砜霉素 0.5 克;50 克:甲砜霉素 2.5 克;100 克:甲砜霉素 5 克。

氟苯尼考(氟甲砜霉素)

【用途】 主用于治疗巴斯德氏菌和嗜血杆菌引起的牛呼吸道疾病。对梭杆菌引起的牛腐蹄病有较好疗效。亦用于敏感菌所致的猪、鸡传染病如猪接触传染性胸膜肺炎等。

【注意】 本品勿用于哺乳期和孕期的母牛(有胚胎毒性)。本品不引起再生障碍性贫血,但用药后牛可出现短暂的厌食、饮水减少和腹泻等不良反应,注射部位可出现炎症。美国 FDA 批准的,仅供牛用的注射剂。

休药期:注射牛 28 日。

【用法与用量】 内服,一次量,每千克体重,猪、鸡 20～30 毫克,一日 2 次,连用 3～5 日。

肌肉注射,一次量,每千克体重,牛 20 毫克,猪、鸡 20～30 毫克,犬、猫 20～22 毫克,一日 2 次,连用 3～5 日。

【制剂与规格】 氟苯尼考注射液 2 毫升:0.6 克。

氟苯尼考散 50 克:5 克。

9. 其他抗生素

黄霉素(班堡霉素)

【作用】 本品对革兰氏阳性菌的抗菌活性较强,对部分革兰氏阴性菌也有作用。系干扰细菌细胞壁的合成,低剂量即导致细胞分裂。内服在胃肠道内不被吸收,以原形从粪便排出。在猪、犊、鸡饲料中每千克添加 550 毫克,历时数周,甚至数月,在可食组织中未发现药物残留。每天喂奶牛 800 毫克,历时 6 周,乳汁中亦无残留。

【用途】 用于肉用仔鸡、育肥猪、仔火鸡、青年肉牛的促进生长(增重和提高饲料报酬)。

【注意】 本品毒性极低。以每千克饲料 50 毫克浓度喂鸡(2 年)和每千克饲料 100 毫克的浓度喂猪(20 周)对增重率、死亡率、饲料转化率以及某些生化指标均无不良影响。高浓度(每千克饲料 5 000 毫克)饲牛犊或喂鸡,历时 28 天,未见异常变化。不宜用于成年畜、禽。

【用法与用量】 参见饲料药物添加剂。

【制剂与规格】 参见饲料药物添加剂。

延胡索酸泰妙菌素

【作用】 为抑菌性抗生素,但很高浓度对敏感菌也有杀菌作用。抗菌作用机理系与细菌核糖体 50 S 亚基结合而抑制细菌蛋白质合成。

本品对多种革兰氏阳性球菌包括大多数葡萄球菌和链球菌(D 组链球菌除外)及多种支原体和某些螺旋体有良好抗菌活性。但对某些阴性菌的抗菌活性很弱,而嗜血杆菌属及某些大肠杆菌和克雷伯氏菌菌株却除外。

猪内服本品易于吸收。投服单剂量约可吸收 85％,2～4 小时出现血药峰浓度。体内分布广泛,肺中浓度最高。泰妙菌素在体内被代谢成 20 种代谢物,有的具抗菌活性。约有 30％的代谢物在尿中排出,其余从粪排泄。

【用途】 用于治疗胸膜肺炎放线杆菌引起的猪肺炎及猪痢疾密螺旋体引起的猪血痢。作为猪的饲料药物添加剂可促进增重。对鸡慢性呼吸道病、猪支原体肺炎、鸡葡萄球菌滑膜炎也有效。

【药物相互作用】 与聚醚类抗生素如莫能菌素、盐霉素等联用可出现不良反应。

与能结合细菌核糖体 50 S 亚基的抗生素(如克林霉素、林可霉素、红霉素、泰乐菌素等)同用,由于竞争作用部位而导致减效。

【注意】 本品禁止与聚醚类抗生素伍用,因能引起药物中毒,使鸡生长迟缓,运动失调、麻痹瘫痪,直至死亡。猪虽反应较轻,亦不宜并用。本品给鸡、猪内服较安全。可耐受 3～5 倍的内服量。但常量偶可出现皮肤发红等反应。过量对猪能引起短暂流涎、呕吐和中枢神经系统抑制,应停药并对症治疗。休药期:内服,猪 5 日。本品有刺激性,避免与皮肤或黏膜接触。

【用法与用量】 混饮,每升水,猪 45～60 毫克,连用 5 日,鸡 125～250 毫克,连用 3 日(以泰妙菌素计)。

混饲,每 1 000 千克饲料,猪 40～100 克,连用 40～100(以泰妙菌素计)。

【制剂与规格】 延胡索酸泰妙菌素可溶性粉 100 克：45 克（4 500 万单位）。延胡索酸泰妙菌素预混剂 100 克：10 克（1 000 万单位）；100 克：80 克（8 000 万单位）。

赛地卡霉素

【作用】 对多种细菌如葡萄球菌、链球菌、肺炎球菌、志贺氏菌等的抑制作用较强。对猪密螺旋体痢疾的作用比林可霉素强，但弱于泰妙菌素。

【用途】 主用于治疗密螺旋体引起的猪血痢。

【用法与用量】 混饲每 1 000 千克饲料，猪 75 克（以赛地卡霉素计），连用 15 日。

【制剂与规格】 赛地卡霉素预混剂 100 克：1 克（100 万单位）；100 克：2 克（200 万单位）；100 克：5 克（500 万单位）。

维吉尼亚霉素

【作用】 主要抗革兰氏阳性菌如金黄葡萄球菌、表皮葡萄球菌、藤黄八叠球菌、蜡状芽孢杆菌等。对耐其他抗生素的革兰氏阳性菌菌株也有效。维吉尼亚霉素内服不易吸收。注射给药后在体内广泛分布，以肝、脾、肾中浓度最高，大部分经尿排泄。

【用途】 维吉尼亚霉素用做饲料药物添加剂。其低浓度（每 1 000 千克饲料，猪 5～10 克，鸡 5～15 克）用以促进猪、禽生长和改善饲料转化率中等浓度（每 1 000 千克饲料，猪 25 克，鸡 20 克），可预防敏感菌所致的肠炎，如产气荚膜梭菌引起的鸡坏死性肠炎及猪腹泻；高浓度（每 1 000 千克饲料 100 克连续 2 周）能治疗猪泻痢。

【药物相互作用】 参见杆菌肽。

【注意】 内服的安全范围广。猪一次内服的最大安全量大于0.8 克/千克，按 0.5 克/千克给猪连喂 3 个月未见不良反应。

休药期：猪、鸡 1 日。

盐酸克林霉素（盐酸氯洁霉素）

【作用】 抗菌谱同林可霉素，但抗菌活性比林可霉素强4～8倍。

【药物相互作用】 同盐酸林可霉素。

【注意】 同盐酸林可霉素。

【用途】 同盐酸林可霉素。

【用法与用量】 内服，一次量，每千克体重，犬、猫5～10毫克，一日2次，连用3～5日。

【制剂与规格】 盐酸克林霉素胶囊0.075克；0.15克。

盐酸林可霉素（盐酸洁霉素）

【作用】 抗菌谱较红霉素窄。革兰氏阳性菌如金黄葡萄球菌（包括耐青霉素菌株）、链球菌、肺炎球菌、炭疽杆菌、猪丹毒丝菌及某些支原体（猪肺炎支原体、猪鼻支原体、猪关节液支原体）、钩端螺旋体均对本品敏感。而革兰氏阴性菌如巴斯德氏菌、克雷伯氏菌、假单胞菌（绿脓杆菌等）、沙门氏菌、大肠杆菌等均对本品耐药。林可霉素类的最大特点是对厌氧菌有良好抗菌活性，如梭杆菌属、消化球菌、消化链球菌、破伤风梭菌、产气荚膜梭菌及大多数放线菌均对本类抗生素敏感。

【用途】 主用于敏感菌所致的各种感染如肺炎、支气管炎、败血症、骨髓炎、蜂窝织炎、化脓性关节炎和乳腺炎等。对猪的密螺旋体血痢、支原体肺炎及鸡的气囊炎、梭菌性坏死性肠炎和乳牛的急性腐蹄病等亦有防治功效。本品与大观霉素并用对禽败血性支原体和大肠杆菌感染的疗效超过单一药物。

【药物相互作用】 与庆大霉素等联合对葡萄球菌、链球菌等革兰氏阳性菌呈协同作用。

不宜与抗蠕动止泻药同用，因可使肠内毒素延迟排出，从而导致腹泻延长和加剧。亦不宜与含白陶土止泻药同时内服，后者将减少林可霉素的吸收达90%以上。林可霉素类具神经肌肉阻断作用，与其他具有此种效应的药物如氨基糖苷类和多肽类等合用时应予以注意。林可霉素类与氯霉素或红霉素合用有拮抗作用。与卡那霉素、新生霉素同瓶静脉注射时有配伍禁忌。

【注意】 林可霉素类禁用于兔、仓鼠、马和反刍兽,因可发生严重的胃肠反应(峻泻等),甚至死亡。林可霉素禁用于对本品过敏的动物或已感染念珠菌病的动物。林可霉素可排入乳汁中,对吮乳犬、猫有发生腹泻的可能。犬、猫内服本品的不良反应为胃肠炎(呕吐、稀便,犬偶发出血性腹泻)。肌肉注射在注射局部引发疼痛。快速静脉注射能引起血压升高和心肺功能停顿。猪也可发生胃肠反应。大剂量对多数给药猪可出现皮肤红斑及肛门或阴道水肿。

休药期:肌肉注射猪2日,内服,猪5日,鸡5日泌乳期奶牛和产蛋期鸡禁用。

【用法与用量】 内服,一次量,每千克体重,猪10～15毫克,犬、猫15～25毫克,一日1～2次,连用3～5日。混饮,每升水,猪40～70毫克,鸡17毫克(以林可霉素计)。混饲,每1 000千克饲料,猪44～77克,禽2.2～4.4克(以林可霉素计)连用1～3周或症状消失为止。

肌肉注射,一次量,每千克体重,猪10毫克,一日1次,犬、猫10毫克,一日2次,连用3～5日。

【制剂与规格】 盐酸林可霉素片0.25克;0.5克。盐酸林可霉素可溶性粉100克:40克(4 000万单位)。盐酸林可霉素注射液2毫升:0.6克;10毫升:3克。盐酸林可霉素预混剂100克:0.88克(88万单位);100克:11克(1 100万单位)。

(二)化学合成抗菌药

1. 磺胺类及其增效剂

(1)磺胺类药物。磺胺类药物有其独特的优点,抗菌谱广,性质稳定,使用方便,价格低廉,国内能大量生产,与抗菌增效剂有协同作用。磺胺类药物钠盐注射或灌注给药吸收迅速,内服易吸收的磺胺生物利用度有差异。分布广泛,大部分与血浆蛋白结合(SD结合率较低)。主要在肝脏代谢,内服难吸收的主要经粪排出,易吸收的主要经肾脏排出(原形、乙酰化物、葡萄糖苷酸结合物)。

磺胺类药物为广谱慢作用型抑菌药,对大多数革兰氏阳性菌、阴性菌及某些原虫和衣原体有效,对螺旋体、立克次氏体无效。抗菌作用强度顺序为:磺胺间甲氧嘧啶(SMM)＞磺胺甲噁唑(SMZ)＞磺胺嘧啶(SD)＞磺胺地索辛(SDM)＞磺胺对甲氧嘧啶(SMD)＞磺胺二甲嘧啶(SM$_2$)。磺胺类易产生耐药性,且其间有交叉耐药性。

磺胺类药物剂量过大易发生急性中毒,表现为神经症状。剂量较大或连续用药 1 周以上可发生慢性中毒,主要症状为:结晶尿、血尿、蛋白尿;消化道障碍和多发性肠炎;造血机能破坏,贫血、凝血延长、毛细血管渗血;幼禽免疫系统抑制;家禽增重减慢、产蛋下降、畸形蛋增多。因此,磺胺类药物使用时应注意:足够的疗程和剂量,充分饮水,以增加尿量,促进排出;选用疗效高、作用强、溶解度大、乙酰化率低的磺胺药;与碳酸氢钠同服以碱化尿液,促进排出;蛋鸡产蛋期禁用磺胺药。临床应用时一般与 TMP 或 DVD 合用,可提高疗效,缩短疗程。

磺胺对甲氧嘧啶(SMD)

【作用与用途】 对革兰氏阳性菌和阴性菌如化脓性链球菌、沙门氏菌和肺炎杆菌等均有良好的抗菌作用,但较磺胺间甲氧嘧啶弱。内服吸收迅速,血中维持有效浓度近 24 小时。乙酰化率较低,游离型及乙酰化物的溶解度较高。主要从尿中排出,排泄缓慢,对尿路感染疗效显著。对生殖、呼吸系统及皮肤感染也有效。与甲氧苄啶合用,可增强疗效。对球虫也有较好的抑制作用。主要用于泌尿道、呼吸道、消化道、皮肤、生殖道感染。也可用于球虫病的治疗。

【用法与用量】 内服,一次量,每千克体重,家畜,首次量 50～100 毫克,维持量 25～50 毫克,一日 1～2 次,连用 3～5 日。混饮每升水 0.25～0.5 克,混饲每千克饲料 0.5～1 克。内服给药,每千克体重 100 毫克,每天 2 次,连用 3～5 天。

磺胺间甲氧嘧啶(SMM)

【作用与用途】 SMM 是体内外抗菌作用最强的磺胺药,对球虫、弓形虫、住白细胞四虫等也有显著作用。内服吸收良好,血中浓度高,维持作用时间近 24 小时。乙酰化率低,乙酰化物溶解度大,不易引起结晶尿和血尿,与 TMP 合用疗效增强。

主要用于各种敏感菌引起的呼吸道、消化道、泌尿道感染及球虫病、猪弓形虫病、猪水肿病、鸡住白细胞虫病、猪萎缩性鼻炎。其钠盐局部灌注可治疗乳腺炎和子宫内膜炎。

【用法与用量】　内服,一次量,每千克体重,家畜,首次量 50～100 毫克,维持量 25～50 毫克,连用 3～5 日。混饮每升水 0.25～0.5 克,混饲每千克饲料 0.5～1 克。内服或肌肉注射给药,每千克体重 100 毫克,每天 2 次,连用 3～5 天。磺胺嘧啶(SD)

【作用与用途】　对溶血性链球菌、肺炎双球菌、沙门氏菌、大肠杆菌等作用较强,对葡萄球菌作用稍差。主要用于各种动物敏感菌引起的全身感染,为磺胺药中用于治疗脑部细菌感染的首选药物。

【用法与用量】　内服:一次量,每千克体重,家畜,首次量 0.14～0.2 克,维持量 0.07～0.1 克,一日 2 次,连用 3～5 日。混饮每升水 0.5～1 克,混饲每千克饲料 1～2 克。

磺胺二甲嘧啶(SM₂)

【作用与用途】　抗菌作用及疗效较磺胺嘧啶稍弱,但对球虫有抑制作用。用于敏感菌感染及球虫病,不易引起结晶尿、血尿、蛋白尿。

【用法与用量】　内服:一次量,每千克体重,家畜,首次量 0.14～0.2 克,维持量 0.07～0.1 克,一日 1～2 次,连用 3～5 日。

家禽,混饮每升水 0.5～1 克,混饲每千克饲料 1～2 克。内服给药,每千克体重 200 毫克,肌肉注射,每千克体重 100 毫克,每天 2 次,连用 3～5 天。

磺胺甲基异恶唑(SMZ)

【作用与用途】　抗菌谱与磺胺嘧啶相近,但抗菌作用较强。与甲氧苄啶联合应用,可明显增强其抗菌作用。特点为蛋白结合率高,排泄较慢,乙酰化率高,且溶解度较低,较易出现结晶尿和血尿等。常用于呼吸道和泌尿道感染。

【用法与用量】 内服,一次量,每千克体重,家畜,首次量50～100毫克,维持量25～50毫克,一日2次,连用3～5日。混饮每升水0.25～0.5克,混饲每千克饲料0.5～1克。

(2)抗菌增效剂。能增强磺胺药和多种抗生素(如四环素、庆大霉素等)的疗效,为人工合成的二氨基嘧啶。

磺胺三甲氧苄胺嘧啶(TMP)

抗菌谱广,与磺胺类相似而效力较强,对多种革兰氏阳性菌、阴性菌均有抗菌活性,单用易产生耐药性,一般不单独作抗菌药物使用。内服吸收迅速而完全,分布广泛,主要从尿中排出。常以1∶5与磺胺药(SMD、SMZ、SD、SQ、SM2等)制成复方制剂用于消化道、呼吸道、泌尿道感染及败血症等,如链球菌病、葡萄球菌病、大肠杆菌病、白痢杆菌病、传染性鼻炎、禽伤寒、霍乱等。

磺胺二甲氧苄胺嘧啶(DVD)

作用机理与TMP相同,但作用较TMP弱,内服吸收少,主要从粪便中排出,适宜于作肠道抗菌增效剂,常以1∶5与磺胺药(SQ等)制成复方制剂防治球虫病及禽肠道感染。

2.氟喹诺酮类

该类药物的特点为:

(1)广谱杀菌性抗菌药,对革兰氏阳性菌、阴性菌、绿脓杆菌、支原体、衣原体均敏感。

(2)杀菌力强。

(3)吸收快,内服及肌肉注射吸收迅速和较完全,分布广泛。

(4)抗菌作用独特,与其他药物无交叉耐药性。

(5)使用方便,不良反应小。对家禽消化道、呼吸道、泌尿生殖道、皮肤软组织感染及支原体感染均有良效,广泛用于防治家禽沙门氏杆菌、大肠杆菌、巴氏杆菌、葡萄球菌、链球菌及各种支原体所引起的感染。该类药物在美国、日本禁用于食品动物。

乳酸环丙沙星

【作用与用途】　同盐酸环丙沙星。

【药物相互作用】　同盐酸环丙沙星。

【注意】　同盐酸环丙沙星。

【用法与用量】　混饮,每升水,鸡 17～27 毫克(以乳酸环丙沙星计),连用 3～5 日。肌肉注射,一次量,每千克体重,家畜 2.5 毫克,禽 5 毫克,一日 2 次。静脉注射,一次量,每千克体重,家畜 2 毫克,一日 2 次。(静脉注射时应将药液稀释至 0.1%～0.2%浓度)

【制剂与规格】　乳酸环丙沙星可溶性粉 50 克∶1 克。乳酸环丙沙星注射液 10 毫升∶50 毫克;10 毫升∶200 毫克;100 毫升∶100 毫克;100 毫升∶200 毫克;100 毫升∶250 毫克。

盐酸环丙沙星

【作用】　环丙沙星的抗菌谱广,杀菌力强,作用迅速,对革兰氏阴性菌和阳性菌有明显的抗菌药效应,其抗菌谱与恩诺沙星相似,对革兰氏阳性菌、支原体的活性很高;对葡萄球菌、分枝杆菌、衣原体具中度活性;对 D 组链球菌、肠球菌和厌氧菌的活性低或耐药。许多细菌对环丙沙星可产生耐药性,且已发现天然耐药菌株。

【用途】　同恩诺沙星。

【药物相互作用】　参见恩诺沙星及本节前言。

【注意】　参见恩诺沙星。

【用法与用量】　内服,一次量,每千克体重,犬、猫 5～10 毫克,禽 5～7.5 毫克,一日 2 次。混饮,每升水,鸡 15～25 毫克(以环丙沙星计),连用 3～5 日。静脉、肌肉注射,一次量,每千克体重,家畜 2.5 毫克,家禽 5 毫克,一日 2 次,连用 3 日。

【制剂与规格】　盐酸环丙沙星片 0.25 克。盐酸环丙沙星胶囊 0.25 克。盐酸环丙沙星滴眼液 5 毫升∶15 毫克。盐酸环丙沙星可溶性粉 100 克∶2 克。盐酸环丙沙星注射液 10 毫升∶0.2 克。

恩诺沙星

【作用】 为兽医专用的第三代氟喹诺酮类,有广谱杀菌作用,对静止期和生长期的细菌均有效。其杀菌活性依赖于浓度,敏感菌接触本品后在 20～30 分钟内死亡。

本品对多种革兰氏阴性杆菌和球菌有良好抗菌作用,包括绿脓杆菌、克雷伯氏菌、大肠杆菌、肠杆菌属、弯曲杆菌属、志贺氏菌属、沙门氏菌属、气单胞菌属、嗜血杆菌属、耶尔森氏菌属、沙雷氏菌属、弧菌属、变形杆菌属等,对布鲁氏菌属、巴斯德氏菌属、丹毒丝菌、博德特氏菌、葡萄球菌(包括产青霉酶和甲氧西林耐药菌株)、支原体属和衣原体也有效。但对大多数链球菌的作用有差异,对大多数厌氧菌作用微弱。

【用途】 恩诺沙星广用于畜、禽。可防治、以下疾病。牛、犊的大肠杆菌病,溶血性巴斯德氏菌,牛支原体引起的呼吸道感染,犊沙门氏菌感染,乳腺炎等。猪的链球菌病、溶血性大肠杆菌肠毒血病(水肿病)、沙门氏菌病、支原体肺炎、胸膜肺炎、乳腺炎子宫炎-无乳综合征及仔猪白痢和黄痢等。犬、猫的细菌或支原体引起的呼吸,消化、泌尿生殖等系统及皮肤的感染。对外耳炎、子宫蓄脓、脓皮病等配合局部处理也有效。禽的沙门氏菌、大肠杆菌、巴斯德氏菌、嗜血杆菌、葡萄球菌、链球菌及各种支原体所引起的感染。

【药物相互作用】 本品与氨基糖苷类、第三代头孢菌素类和广谱青霉素配合对某些细菌(特别是绿脓杆菌或肠杆菌科细菌)可能呈协同抗菌作用。

体外试验本品与克林霉素合用对厌氧菌(消化链球菌属、乳酸杆菌属和脆弱拟杆菌)有增强抗菌的作用。呋喃妥因可拮抗氟喹诺酮类的抗菌活性。

【注意】 禁用于 8 周龄以下幼犬,也慎用于供繁殖用幼龄种畜及马驹。孕畜及授乳母畜禁用。肉食动物及肾功能不全动物慎用。对有严重肾病或肝病的动物需调节用量以免体内药物蓄积。休药期:内服,犊、仔猪、鸡 8 日;注射,牛 14 日,产奶期禁用。猪

10 日。

【用法与用量】 内服,一次量,每千克体重,犊、羔、仔猪、犬、猫 2.5～5 毫克,禽 5～7.5 毫克,一日 2 次,连用 3～5 日。混饮,每升水,禽 50～75 毫克,连用 3～5 日。肌肉注射,一次量,每千克体重,牛、羊、猪 2.5 毫克,犬、猫、兔、禽 2.5～5 毫克,一日 1～2 次,连用 2～3 日。

【制剂与规格】 恩诺沙星片 2.5 毫克;5 毫克;25 毫克;50 毫克。恩诺沙星溶液 100 毫升：2.5 克;100 毫升：5 克;100 毫升：10 克。恩诺沙星注射液 10 毫升：0.05 克;10 毫升：0.25 克。

诺氟沙星(氟哌酸)

【作用】 具有抗菌谱广,作用强的特点。对革兰氏阴性菌如绿脓杆菌、大肠杆菌、沙门氏菌、肺炎克雷伯氏菌、亲水气单胞菌等有较强的杀菌作用,其最低抑菌浓度(MIC)低于常用的其他类抗革兰氏阴性菌药物。对金黄葡萄球菌的作用也比庆大霉素强。

【用途】 参见恩诺沙星。

本品主要用于敏感菌引起的猪、鸡肠道和泌尿道感染。如仔猪黄痢、仔猪白痢及鸡大肠杆菌病、鸡白痢等。外用可治疗皮肤、创伤及眼部的敏感菌感染。

【药物相互作用】 参见恩诺沙星。

【注意】 参见恩诺沙星。

【用法与用量】 内服,一次量,每千克体重,仔猪、禽 10 毫克,一日 1～2 次。外用,涂敷或滴眼。

【制剂与规格】 诺氟沙星胶囊 0.1 克。诺氟沙星软膏 10 克：0.1 克;250 克：2.5 克。诺氟沙星滴眼液 8 毫升：24 毫升。

(三)抗真菌药与抗病毒药

1. 抗真菌药

氟康唑

【作用】 本品属咪唑类广谱抗真菌药,特别对深、浅部真菌有较强的抗菌作用。其抗菌活性在体外不及酮康唑,但在体内比酮康唑强 10～20 倍,且毒性低,对念珠菌、隐球菌最为敏感,对表皮癣菌、皮炎芽生菌和组织胞浆菌也有较强的作用,对曲霉菌效果较差。

【用途】 用于浅表、深部敏感真菌的感染。主要用于犬、猫念珠菌和隐球菌病的治疗。

【用法与用量】 内服,一次量,每千克体重,马 5 毫克,犬、猫 2.5～5 毫克,一日 1 次,连用 4～8 周。

【制剂与规格】 氟康唑胶囊 50 毫克;150 毫克。

灰黄霉素

【作用】 灰黄霉素化学结构与鸟嘌呤相似,能竞争性抑制鸟嘌呤进入 DNA 分子中,干扰真菌核酸合成,破坏细胞有丝分裂的纺锤体的结构,阻止细胞中期分裂,从而抑制真菌的生长,但不能杀菌,只有经过长期治疗,新的毛发或趾甲长出后才能治愈。对其敏感的真菌有:毛癣菌、小孢子菌和表皮癣菌等。对细菌和其他深部真菌无效。敏感菌对本品可产生耐药性。

【用途】 兽医临床上主要用于马、牛、犬、猫等动物浅部如毛发、趾甲、爪等真菌感染,对家禽毛癣效果差,外用几乎无效。

【注意】 在 15～30℃下密闭避光处保存。本品对家畜急性毒性较小,但有肝毒、致畸、致癌作用。怀孕动物禁用。

【用法与用量】 内服,一次量,每千克体重,马、牛 10 毫克,猪 20 毫克,犬、猫 40～50 毫克,一日 1 次,连用 4～8 周。

【制剂与规格】 灰黄霉素片 0.1 克;0.25 克。

两性霉素 B

【作用】 本品为抗深部真菌感染药,通常为广谱抑真菌药,剂量增加可成杀真菌药。它可与细胞膜上固醇络合,改变膜的通透性,使胞内钾离子和其他内容物渗漏而产生抑菌作用。由于细菌和立克次氏体细胞膜上不含固醇,故两性霉素 B 对这些病原体没有作用。哺乳动物细胞膜也含固醇(主要是胆固醇和麦角固醇),尽管两性霉素 B 对它们结合较弱,但它对人及哺乳动物毒性比较大。

对本品敏感的真菌有荚膜组织胞浆菌、隐球菌、白色念珠菌、球孢子菌、皮炎芽生菌、黑曲霉菌等。在体内两性霉素 B 对某些原虫如阿米巴虫也有效。真菌如部分曲霉菌、癣菌可对本品产生耐药,但不严重。

【用途】 临床上主要用于上述敏感菌的深部感染,如组织胞浆菌病、芽生菌病、念珠菌病、球孢子菌病。对曲霉病和毛霉病亦有一定疗效。

【注意】 内服毒性小,静脉注射毒性大。最严重的毒性反应是损害肾脏。呈剂量依赖性,血尿氮和非蛋白氮升高,出现柱形尿、蛋白尿,同时可引起发热、恶心、呕吐、厌食等。静脉注射时配合解热镇痛药、抗组胺药和生理量的肾上腺皮质激素可减轻毒性反应。不可与氨基苷类、磺胺类药物合用,以免增加肾毒性。本品应在 15℃以下严格避光保存。应用本品时应结合补钾。

【用法与用量】 静脉注射,一次量,每千克体重,犬、猫 0.15～0.5 毫克,隔日 1 次,一周 3 次,总剂量为 4～11 毫克。马,每千克体重,开始用 0.38 毫克,一日 1 次,连用 4～10 天后增量至 1 毫克,再用 4～8 天,临用前先以注射用水溶解后再加到 5％葡萄糖注射液内稀释成 0.1％溶液静脉注射。

【制剂与规格】 注射用两性霉素 B 5 毫克(5 000 单位);25 毫克(2.5 万单位);50 毫克(5 万单位)。

酮康唑

【作用】 本品为人工合成的广谱抗真菌药。在常用剂量下为抑真菌药,大剂量长时间应用可变为杀真菌药;对隐球菌、着色真菌、念珠菌、球孢子菌、组织胞浆菌、皮炎芽生菌、毛发癣菌均具有抗菌活性,大剂量对曲霉菌,孢子丝菌也有作用,白色念珠菌对本品耐药。此外,在体外,酮康唑对金黄葡萄球菌、放线菌、肠球菌等革兰氏阳性菌也有抗菌活性。

【用途】 在兽医上主要用于犬、猫和其他动物的敏感菌的感染。

【注意】 本品有肝脏毒性,肝功能不良动物慎用。本品具胚胎毒性,怀孕动物禁用。常伴有恶心、呕吐等消化道症状。勿与抗酸药、抗胆碱药和 H_2 受体阻断药合用。

【用法与用量】 内服,一次量,每千克体重,马 3～6 毫克,一日 1 次,犬、猫 5～10 毫克,一日 1 次,连用 1～6 个月。酮康唑乳膏,外用,敷患部。

【制剂与规格】 酮康唑片 0.2 克。酮康唑乳膏 10 克:0.2 克。

制霉菌素

【作用】 属广谱抗真菌的多烯类抗真菌药,作用及作用机理与两性霉素 B 相似。对念珠菌属真菌作用显著,对曲霉菌、毛癣菌、表皮癣菌、小孢子菌、组织胞浆菌、皮炎芽生菌球孢子菌也有效。

本品内服不易吸收,几乎全部由粪便排出。而静脉注射、肌肉注射毒性大,故一般不用于全身真菌感染的治疗。

【用途】 主要用于内服治疗消化道真菌感染或外用于表面皮肤真菌感染。如牛的真菌性胃炎、鸡和火鸡哺囊真菌病等,对曲霉菌、毛霉菌引起的乳腺炎,乳管灌注也有效。对烟曲霉引起的雏鸡肺炎,喷雾吸入也有效。本品也用于长期服用广谱抗生素所致的真菌性二重感染。

【注意】 用量过大时,可引起呕吐、腹泻等消化道反应。制霉菌素片剂、混悬剂应密闭保存于 15～30℃ 环境中。个别动物可出现过敏反应。

【用法与用量】 内服,一次量,马、牛 250 万～500 万单位,猪、羊 50 万～100 万单位,一日 2 次。混饲,每千克饲料,家禽 50 万～100 万单位,连喂 7～10 天。制霉菌素软膏,外用涂敷。制霉菌素混悬剂,乳头管注入,每一乳室,牛 10 万单位。子宫内灌注,马、牛 100 万～200 万单位。

【制剂与规格】 制霉菌素片 25 万单位;50 万单位。制霉菌素软膏,10 万～20 万单位/克。制霉菌素混悬剂,10 万单位/毫升。

克霉唑

【作用】　是咪唑类广谱抗真菌药,作用及作用机理与硝酸咪康唑类似。对表皮癣菌、毛癣菌、曲霉菌、念珠菌有较好的作用,对皮炎芽生菌、组织胞浆菌、球孢子菌也有一定的作用。本品对浅部真菌感染的疗效与灰黄霉素相似,对深部真菌感染与两性霉素 B 相似。本品为抑菌剂,毒性小,各种真菌不易产生耐药性。此外对金黄葡萄球菌、溶血性链球菌、变形杆菌及沙门氏杆菌也有抗菌活性。

【用途】　外用治疗浅部各种真菌感染,如皮肤癣菌、曲霉或念珠菌所致的皮肤黏膜感染,内服治疗各种深部真菌感染如肺、尿路、消化道、子宫等的真菌感染。

【注意】　长期大剂量使用,可见肝功能不良反应,停用后可恢复。弱碱性环境中抗菌效果好,酸性介质中则缓慢水解失效。内服对胃肠道有刺激性。

【用法与用量】　内服,一次量,马、牛 5～10 克,驹、犊、猪、羊 0.75～1.5 克,犬 12.5～25 毫克,一日 2 次。克霉唑软膏或溶液,外用涂于患处。

【制剂与规格】　克霉唑片 0.25 克;0.5 克。克霉唑软膏 1%;3%。克霉唑溶液 1.5%。

2. 抗病毒药

病毒病主要靠疫苗预防,已知的抗病毒药物中,多数对病毒选择性抑制作用差,抗病毒谱窄,对宿主细胞有毒性,临床应用有限。由于试用于兽医临床的抗病毒药物不多,缺乏系统、正规的研究资料,尚难于作出全面的评价。

吗啉胍(病毒灵)

广谱,试用于防治传染性支气管炎、传染性喉气管炎、鸡痘等,混饮每升水 250 毫克,混饲每千克饲料 500 毫克。

利巴韦林(病毒唑)

广谱抗病毒药物,试用于防治禽流感、传染性支气管炎、传染性喉气管炎等,混饮每升水50毫克,混饲每千克饲料100毫克。疗程3天。

干扰素

干扰素是病毒进入机体后诱导宿主细胞产生的一类具有多种生物活性的糖蛋白,具有广谱抗病毒作用,对同种病毒和异种病毒均有效,但具有细胞种属特异性。干扰素还可作用于免疫系统,增强免疫功能。干扰素可以通过在离体培养的细胞内加入病毒诱导产生和制取,也可通过基因工程重组而得。干扰素内服不吸收,肌内或皮下注射防治病毒感染和免疫系统疾病。

中草药

许多中草药如穿心莲、大青叶、黄芪、金银花等对某些病毒病也有一定程度的防治作用,可试用于某些家禽病毒性疾病的防治。

第五章　抗寄生虫药物

一、抗寄生虫药物概述

(一)抗寄生虫药的定义

家禽的寄生虫种类繁多,分布较广,感染普遍,如防治不利,常会给家禽业造成重大损失。抗寄生虫药是用于驱除和杀灭家禽体内外寄生虫的药物。

(二)抗寄生虫药的种类

根据药物抗虫作用和寄生虫分类,可将抗寄生虫药分为以下三类。

(1)抗蠕虫药。亦称驱虫药。根据蠕虫的种类,又可将此类药物分为驱线虫药、驱绦虫药、驱吸虫药和抗血吸虫药。

(2)抗原虫药。包括抗球虫药、抗锥虫药、抗梨形虫药和抗滴虫药等。

(3)杀虫药。又称杀昆虫药和杀蜱螨药。

(三)抗寄生虫药的作用机理

抗寄生虫药种类繁多,化学结构和作用不同,因此作用机理亦各不相同。此外,迄今对某些寄生虫的生理生化系统尚未完全了解,故药物的作用机理也不完全清楚,已初步弄清的,大概可归纳为如下几方面。

(1)抑制虫体内的某些酶。不少抗寄生虫药通过抑制虫体内酶的活性,而使虫体的代谢过程发生障碍。例如,左旋咪唑、硫双二氯酚、硝硫氰胺和硝氯酚等,能抑制虫体内的琥珀酸脱氢酶(延胡索酸还原酶)的活性,阻碍延胡索酸还原为琥珀酸,阻断了ATP的产生,导致虫体缺乏能量而致死;有机磷酸酯类能与胆碱酯酶结合,使酶丧失水解乙酰胆碱的能力,使虫体内乙酰胆碱蓄积,引起虫体兴奋、痉挛,最后麻痹死亡。

(2) 干扰虫体的代谢。某些抗寄生虫药能直接干扰虫体的物质代谢过程,例如,苯并咪唑类药物能抑制虫体微管蛋白的合成,影响酶的分泌,抑制虫体对葡萄糖的利用,引起虫体死亡;三氮脒能抑制动基体DNA的合成,而抑制原虫的生长繁殖;氯硝柳胺能干扰虫体氧化磷酸化过程,影响ATP的合成,使绦虫缺乏能量,头节脱离肠壁而排出体外;氨丙啉的化学结构与硫胺相似,故在球虫的代谢过程中可取代硫胺而使虫体代谢不能正常进行。

(3) 作用于虫体的神经肌肉系统。有些抗寄生虫药可直接作用于虫体的神经肌肉系统,影响其运动功能或导致虫体麻痹死亡。例如,哌嗪有箭毒样作用,使虫体肌细胞膜超极化,引起弛缓性麻痹;阿维菌素类则能促进卜氨基丁酸(GABA)的释放,使神经肌肉传递受阻,导致虫体产生弛缓性麻痹,最终可引起虫体死亡或排出体外;噻嘧啶能与虫体的胆碱受体结合,产生与乙酰胆碱相似的作用,引起虫体肌肉强烈收缩,导致痉挛性麻痹。

(4) 干扰虫体内离子的平衡或转运。聚醚类抗球虫药能与钠、钾、钙等金属阳离子形成亲脂性复合物,使其能自由穿过细胞膜,使子孢子和裂殖子中的阳离子大量蓄积,导致水分过多地进入细胞,使细胞膨胀变形,细胞膜破裂,引起虫体死亡。

(四) 理想的抗寄生虫药,应具备的条件

自从1907年化学合成肿凡纳明(606)后,为抗感染的化学治疗开辟了新的途径。从此,抗寄生虫药的品种,数量不断增加,特别是近年来,由于科学技术的飞跃发展,研制合成了许多新品种,使抗寄生虫药的生产和应用取得了很大成绩。目前,理想的抗寄生虫药,要求具备广谱、高效、低毒的条件;无致癌、致突变、致畸胎的"三致"作用;除此之外,尚要求具备投药方便、适口性好、剂量

小、无残毒残留和不易产生耐药性等条件,这些是衡量抗寄生虫药的临床价值标准,也是选用抗寄生虫药的基本原则。

(1)安全。良好的抗寄生虫药,应该是对寄生虫有强大的毒性,而对宿主无毒或毒性很低。其化疗指数或称为安全指数(最大耐受量/最低有效量)越大,表示药物对机体的毒性愈小,而疗效愈高。一般认为安全指数必须要大于 3 时,才有临床应用意义。凡是对虫体毒性大、对宿主毒性小或无毒性的抗寄生虫药是安全的。

(2)高效。高效的抗寄生虫药,应该是使用小剂量即能起到满意的效果。所谓高效的抗寄生虫药,应当是对成虫、幼虫甚至虫卵均有较高的驱杀效果。驱杀效果的判定标准,临床上是以驱净率来衡量,高效抗寄生虫药在使用单剂一次投服的驱净率,应达到50%以上,但目前较好的抗寄生虫药,仅对成虫有较好的效果,对未成熟虫体效果很差,且多数为无效。因此,希望对成虫、未成熟虫体以及虫卵均有良好的效果,这样可以避免成虫驱除后,又要等到幼虫成熟后再驱虫,因而可延长二次驱虫的间隔时间。

(3)广谱。广谱是指驱虫范围广。家畜受寄生虫侵袭多属混合感染,因此,使用广谱驱虫杀虫药,在兽医临床上就显得更为重要。但目前已有的广谱驱虫药,以广谱驱线虫药而言,也不是对所有的线虫都有作用,更谈不上对绦虫,吸虫等有效。故在混合感染时,除选用广谱驱虫药外,还应根据感染范围,并用几种驱虫药,以达到治疗混合感染的目的。

(4)具有适于群体给药的理化特性。①以内服途径给药的驱内寄生虫药应无味、无特臭、适口性好,可混饲给药。若还能溶于水,则更为理想,可将药物混饮给药。②用于注射给药者,对局部应无刺激性。③杀外寄生虫药应能溶于一定溶媒中,以喷雾等方法群体杀灭外寄生虫。④更为理想的广谱抗寄生虫药在溶于一定溶媒中后,以浇淋方法给药或涂擦于动物皮肤上,既能杀灭外寄生虫,又能在透皮吸收后,驱杀内寄生虫。

(5)价格低廉。可在畜牧生产上大规模推广应用。

（6）无残留。食品动物应用后，药物不残留于肉、蛋及其制品中，或可通过遵守休药期等措施，控制药物在动物性食品中的残留。

实际上，完全符合上述条件的抗寄生虫药目前还很少，所以，以比较接近这几个条件的药物，作为选择的目标。

（五）应用抗寄生虫药的方法

1. 应用方法

抗寄生虫的应用方法，主要有以下几种

（1）混合驱虫法。根据家畜寄生虫病常有混合感染的特点，常采用两种或两种以上的药物联合应用，既起到了协同作用，扩大了驱虫范围，提高了治疗效果，且不增加毒性，并可减少驱虫次数，节省时间，节省人力，从而可以提高防治家畜寄生虫病的工作效率。

（2）个体驱虫法。在饲养家禽不多的情况下发生寄生虫病时，可采用个体口服或注射给药，其优点是用药量准确，缺点是手续麻烦，工效不高，不适于大规模驱虫，仅可供农家饲养少数家禽时使用。

（3）成群驱虫法。随着家禽业的发展，大型饲养场以及工厂化养鸡场的建立，为了节省人工，有必要采用混饮法、混饲法、气雾法、熏蒸法和药浴法等成群驱虫或杀虫。这些方法通过试用证明，均为安全有效，其特点是用法简便，费用低廉，并可节省劳动力，有重要的实践意义。

2. 应用抗寄生虫药时，应当注意的问题

（1）因地制宜。合理选用抗寄生虫药。合理选用抗寄生虫药是综合防治寄生虫病的重要措施之一，在选择药物时不仅要了解寄生虫种类、寄生部位、严重程度、流行病学资料等，更应了解动物品种、性别、年龄、体质、病理过程、饲养管理条件等对药物作用反应的差异，从而才能结合本地、本场的具体情况，选用理想的抗寄生虫药，以获得最佳防治效果。

（2）结合实际。选择适用剂型和给药途径。为提高抗虫效果，

减轻毒性和给药方便,使用抗寄生虫药应根据具体情况,选用适合的剂型和给药途径。

通常驱除消化道寄生虫宜选用内服剂型,消化道以外的寄生虫可选择注射剂,而体外寄生虫以外用剂型为妥。为投药方便,大群禽群可选择预混剂混饲或饮水投药法,杀灭体外寄生虫目前多选药浴、浇泼和喷雾给药法。

(3)防患于未然,避免药物中毒事故。一般来说,目前除聚醚类抗生素驱虫药对动物安全范围较窄外,大多数抗寄生虫药,在规定剂量范围内,对动物都较安全,即使出现一些不良反应,亦都能耐过,但用药不当,如剂量过大、疗程太长、用法不妥时亦会引起严重的不良反应,甚至中毒死亡。因此,对本地、本场还未使用过的较新型的抗寄生虫药时,为防意外,在大规模防治前,应先把禽群中少数具有代表性动物(即不同年龄、性别、体况)进行预试,取得经验后,再进行全群驱虫,以防不测。

(4)密切注意,防止产生耐药虫株。随着抗寄生虫药的广泛应用,世界各地均已发现耐药虫株,这是使用抗寄生虫药值得注意的重大问题。耐药虫株一旦出现,不仅对某种药物具耐受性,使驱虫效果降低或丧失,甚至还出现交叉耐药现象,给寄生虫防治带来极大困难。现已证实,产生耐药虫株多与小剂量(低浓度)长期和反复使用有关。因此,在制定驱虫计划时,应定期更换或交替使用不同类型的抗寄生虫药,以减少耐药虫株的出现。

(5)注重环境保护,保证人体健康。通常抗寄生虫药对人体都存在一定的危害性,因此,在使用药物时,应尽力避免药物与人体直接接触,采取必要防护措施,避免因使用药物而引起对人体的刺激、过敏、甚至中毒死亡等事故发生。

某些药物还会污染环境,因此,接触这些药物的容器、用具、必须妥善处理,以免造成环境污染,遗留后患。

为保证人体健康,世界各国均对抗寄生虫药在动物产品(如肉、蛋等)中的残留量进行了大量研究,并制定了最高残留限量和休药期规定。我国对此亦有若干具体规定,应按章执行。

防治畜禽寄生虫病必须制定切实可行的综合性防治措施,使用抗寄生虫药仅是综合防治措施中一个重要环节而已。因此,对寄生虫病应贯彻"预防为主"方针,如加强饲养管理,消除各种致病因素,搞好禽舍卫生和环境卫生,消灭寄生虫的传染媒介和中间宿主。

二、抗寄生虫药的种类

(一)抗蠕虫药

1. 驱线虫药

哌嗪

【作用】 哌嗪的各种盐类(性质比哌嗪更稳定)均属低毒、有效驱蛔虫药,此外,对食道口线虫、尖尾线虫也有一定效果,曾广泛用于兽医临床。

哌嗪各种盐类的驱虫作用,取决于制剂中哌嗪基质,国际上通常均以哌嗪水合物相等值表示,即 100 毫克哌嗪水合物相当于 125 毫克枸橼酸哌嗪或 104:毫克磷酸哌嗪。

【用途】 马:哌嗪对马副蛔虫具有极佳驱除效果,此外对马尖尾线虫(马蛲虫)也有一定效果。一次内服治疗量,驱马副蛔虫有效率接近 100%,对马尖尾线虫,有效率约为 80%。

哌嗪对马普通圆形线虫和三齿线虫效果较差(60%),对胃虫(柔线虫)、绦虫无效。由于哌嗪对未成熟虫体效果较差,马副蛔虫及蛲虫患马分别应在 10 周或 3~4 周后再用药一次。

猪:由于哌嗪对猪蛔虫和食道口线虫驱虫效果极佳,是传统使用的药物之一,一次用药,即有 100% 驱除效果。但由于对趋组织期幼虫作用有限,通常应于两个月后再用药一次。

哌嗪的各种盐类,通常均以混饲或饮水给药法投药。

家禽:磷酸哌嗪和枸橼酸哌嗪按每只成年鸡用 0.3 克剂量,混饲料中连用 3 天,对鸡蛔虫驱除率极佳。但对鸡盲肠虫(鸡异刺线虫)效果较差。

哌嗪对鹅裂口线虫成虫有效率100%；对6日龄和12日龄虫体驱除率分别为92.9%和66.5%。

犬、猫：哌嗪对弓首蛔虫、狮弓蛔虫的驱除率约为100%，对北方钩虫(狐狸板口线虫)驱除率亦在90%以上。对犬钩口线虫效果差(低于75%)，对鞭虫、绦虫无效。哌嗪对犬科、猫科野生动物的驱虫谱和驱虫效果大致与家养动物相似。

牛、羊：由于哌嗪对反刍兽食道口线虫、牛弓首蛔虫作用有限，加之对皱胃、小肠内寄生线虫基本无效，而无临床应用意义。

【药物相互作用】　应用哌嗪时不能并用泻药，因为迅速地排除药物，使虫体复苏，遭致驱虫失败。本品与吩噻嗪类药物并用时，能使药物毒性增强。与噻嘧啶合用时，有拮抗作用。

动物在内服哌嗪和亚硝酸盐后，在胃中哌嗪可转变成亚硝基化合物，形成N,N-硝基哌嗪或N-单硝基哌嗪，两者均为动物致癌物质。

【注意】　由于未成熟虫体对哌嗪没有成虫那样敏感，通常应重复用药，间隔用药时间，犬、猫为各2周，其他农畜为4周。哌嗪的各种盐对马的适口性较差，混于饲料中给药时，常因拒食而影响药效，此时以溶液剂灌服为宜。哌嗪的各种盐给动物(特别是猪、禽)饮水或混饲给药时，必须在8～12小时内用完，而且应该禁食(饮)一宵。

【用法与用量】　枸橼酸哌嗪，内服，一次量，每千克体重，马、牛0.25克，羊、猪0.25～0.3克，犬0.1克，禽0.25克。

磷酸哌嗪，内服，一次量，每千克体重，马、猪0.2～0.25克，犬、猫0.07～0.1克，禽0.2～0.5克。

【制剂与规格】　枸橼酸哌嗪片0.25克；0.5克。

磷酸哌嗪片0.2克；0.5克。

潮霉素B

【作用】　潮霉素B具有一定的驱虫活性，在猪禽饲料中长期添加,具有良好的驱线虫效果。潮霉素内服极少吸收。

【用途】 猪:潮霉素B长期饲喂能有效地控制猪蛔虫、食道口线虫和毛首线虫感染,这是因为本品不仅对成虫、幼虫有效,而且还能抑制雌虫产卵,从而使虫体丧失繁殖能力。因此。妊娠母猪全价饲料中添加潮霉素B,能保护仔猪在哺乳期间不受蛔虫感染。潮霉素B推荐用于产前6周和哺乳期母猪;不足6月龄仔猪(对蛔虫最易感)。

禽:潮霉素B对鸡蛔虫、鸡异刺续虫和禽封闭毛细线虫均有良好的控制效应。

【药物相互作用】 用药期间,禁止应用具有耳毒作用的药物,如氨基苷类、红霉素等抗菌药。

【注意】 本品毒性虽较低,但长期应用能使猪听、视觉障碍,因此,供繁殖育种的青年母猪不能应用本品。母猪及肉猪连用亦不能超过8周。禽的饲料用药浓度以不超过12毫克/千克为宜。本品多以预混剂剂型上市,用时应以潮霉素B效价做计量单位。

休药期:猪15天,禽3天。

【用法与用量】 混饲:每1 000千克饲料,猪10~13克,禽8~12克。

【制剂与规格】 潮霉素B预混剂规格可参考饲料添加剂章节。

硫胂铵钠

【作用】 硫胂铵钠为三价有机胂化合物,目前仍是美国FDA唯一批准用于杀犬恶丝虫成虫的胂制剂。

硫胂铵钠分子中的胂能与丝虫酶系统的巯基结合,破坏虫体代谢,而出现杀虫作用。

【用途】 硫胂铵钠主用于犬恶丝虫成虫杀灭药,通常对微丝蚴无效。

在4次静脉注射硫胂铵钠后,通常在5~7天内(有时甚至14天)成虫死亡,垂死或已死亡的成虫被血流冲至肺动脉分支内,特别在膈叶的动脉分支上,在此后2~3个月内,死虫在该处被吞噬。

由于被吞噬的全部或部分虫体的栓塞碎片对动物存在潜在的威胁,因此,在治疗后两周内务必使动物绝对安静,此后的两周也仅能轻微活动,否则则出现严重致死反应。用药后动物体温升高和咳嗽是肺部栓塞所引起的必然反应。

硫胂铵钠治疗后的动物死亡率,通常与患丝虫病的轻重程度有关,无症状患犬,几乎无死亡;症状轻微犬,可能有3%~5%死亡率,已出现腹水症状等恶病质犬,死亡率甚至可达50%。

【注意】 本品毒性较大,属肝毒、肾毒药物,肝、肾功能不全动物禁用。在用药过程中,必须对肝、肾功能进行监测,并注意临床观察,如心、肝功能正常,饮食良好,无黄疸,尿液澄清时,才能继续用药。用药后如出现持续呕吐,黄疸或橙色尿等砷中毒症状时,应停止给药,通常于8周后,肺、肾功能正常时,再继续进行治疗。若中毒反应严重,可用二硫基丙醇解毒。注射液对局部组织刺激性极强,静脉注射时如漏出血管外,能使局部炎性肿胀甚至组织坏死,通常注入糖皮质激素有助于炎症的减轻。

【用法与用量】 静脉注射,一次量,每千克体重,犬2.2毫克,一日2次,连用2天。

【制剂与规格】 硫胂胺钠注射液10毫升:100毫克;50毫升:500毫克。

枸橼酸乙胺嗪

【作用】 乙胺嗪为哌嗪的衍生物,对网尾线虫、原圆线虫、后圆线虫、犬恶丝虫以及马、羊脑脊髓丝状虫均有防治作用。

【用途】 肺线虫:乙胺嗪对牛、羊阿尾线虫,特别是成虫驱除效果极佳。因此适用于早期感染,但通常必需每天1次,连用3天。对羊原圆线虫和猪后圆线虫也有一定效果。

脑脊髓丝状虫:乙胺嗪对马、羊脑脊髓丝状虫有良好效果,但必须连用5天。

犬恶丝虫:犬恶丝虫成虫主要寄生于犬右心室和肺动脉的圆

锥内,受精的雌虫向血液排出的微丝蚴,被蚊虫叮吮后,在蚊虫马氏管内约经两周发育成第三期感染性幼虫,当蚊虫再次吮血时,感染性幼虫即传给终末宿主,经两周发育由第三期蜕皮成第四期感染性幼虫,再经数月发育成第五期童虫。由感染性幼虫发育成成虫,需6~9个月时间。

乙胺嗪是传统的犬恶丝虫预防药,虽不能杀死成虫,但对感染性第三期、第四期幼虫有特效,因此,国外有专用制剂,每日以低剂量(6.6毫克/千克)长期、连续内服具有明显预防效果。在犬恶丝虫病流行地区,在用乙胺嗪前,必须先用杀成虫药和杀微丝蚴药。

蛔虫:犬、猫一次内服大剂量(50~100毫克/千克)才能驱除蛔虫,但此时已出现不良反应。因此临床应用意义不大。

【注意】 由于个别微丝蚴阳性犬,应用乙胺嗪后会引起过敏反应,甚至致死,因此微丝蚴阳性犬,严禁使用乙胺嗪。为保证药效,在犬恶丝虫流行地区,在整个有蚊虫季节以及此后两个月内,实行每天连续不断喂药措施(6.6毫克/千克),每隔6个月检查一次微丝蚴,若为阳性,则停止预防,重新进行杀成虫,杀微丝蚴措施。驱蛔虫,大剂量喂服时,常使空腹的犬、猫呕吐,因此,宜喂食后服用。因药物对蛔虫未成熟虫体无效,10~20天后再用药一次。

【用法与用量】 内服,一次量,每千克体重,马、牛、羊、猪20毫克,犬、猫50毫克。

【制剂与规格】 枸橼酸乙胺嗪片50毫克;100毫克。

越霉素A

【作用】 越霉素A主要用于驱除猪、禽蛔虫。由于本品还具有广谱抑菌效应,因而对猪、禽还具有促生长效应。

由于本品属氨基苷类抗生素,因此内服后极少吸收。

【用途】 由于越霉素A对猪蛔虫、毛首线虫以及鸡蛔虫成虫具有明显驱虫作用,此外,还能抑制虫体排卵,因此,目前,多以本品制成预混剂,长期连续饲喂做预防性给药。

【注意】 由于越霉素预混剂的规格众多,用时应以越毒素A

效价做计量单位。休药期:猪 15 天,禽 3 天,产蛋期禁用。

【用法与用量】 混饲:每 1 000 千克饲料,猪、禽 5～10 克。

【制剂与规格】 越霉素 A 预混剂规格可参考饲料添加剂章节。

莫西菌素

【作用】 莫西菌素与其他多组分大环内酯类抗寄生虫药(如伊维菌素、阿维菌素、美贝霉素)的不同之处,在于它是单一成分,以及维持更长时间的抗虫活性。莫西菌素具有广谱驱虫活性,对犬、牛、绵羊、马的线虫和节肢动物寄生虫有高度驱除活性。

【用途】 莫西菌素用较低剂量时(0.5 毫克/千克或更低)即对内寄生虫(线虫)和外寄生虫(节肢动物)有高度驱除活性。本品主要用于反刍兽和马的大多数胃肠线虫和肺线虫,反刍兽的某些节肢动物寄生虫以及犬恶丝虫发育中的幼虫。

牛:牛主要用莫西菌素注射剂和浇泼剂,超过 99％高效的虫体有:奥氏奥斯特线虫成虫和幼虫、牛仰口线虫成虫及第四期幼虫、琴形奥斯特线虫、柏氏血矛线虫、艾氏毛圆线虫、蛇形毛圆线虫、无色毛首线虫、辐射食道口线虫和胎生网尾线虫。

莫西菌素对鞍肛细颈线虫(＞95％)效果亦可,对肿孔古柏线虫成虫及幼虫、栉状古柏线虫成虫及幼虫、麦克马斯特古柏线虫成虫及幼虫、匙形古柏线虫有效率为 92％～100％。一次应用后预防重复感染达 28 天的虫体为,奥斯特线虫,血矛线虫和食道口线虫。对肺线虫甚至超过 28 天;但对细颈线虫和古柏线虫上述作用不超过 7 天。

一次皮下注射莫西菌素能完全排除疥螨和痒螨,但并不能治愈足螨。一次局部应用虽对痒螨有效,但对其他虫种无应用价值。一次皮下注射使微小牛蜱减少 95％,甚至在用药 32 天内一直保持对虫体的抑制效应。还有些资料证实,注射剂和浇泼剂对吸吮性外寄生虫,如牛血虱、牛腭虱、牛管虱和牛纹皮蝇蛆有效率达 99％～100％。浇泼剂对牛毛虱的效果更优于注射剂。

羊:莫西菌素给羊内服对血矛线虫、奥斯特线虫、毛圆线虫、古柏线虫、食道口线虫、夏伯特线虫和网尾线虫成虫和幼虫以及细颈线虫有效率超过99%。此外,对绵羊痒螨也有极好疗效。

在新西兰,还准许浇泼剂用于喂养的鹿群,证明对血矛线虫、奥斯特线虫、毛圆线虫、食道口线虫、网尾线虫驱除率超过99%。

马:按400微克/千克莫西菌素剂量给马应用,对常见的内寄生虫很有效,但对马胃蝇蛆效果不定。有人用一种莫西菌素明胶制剂,按300微克/千克量用于马,对蝇柔线虫、马副蛔虫、马尖尾线虫成虫和幼虫以及普通圆形线虫、无齿圆形线虫和三齿属线虫成虫有效率超过99%。对盅口线虫成虫和第一期幼虫驱除率超过97%,但对第三期幼虫效果极差。莫西菌素对各种胃蝇的幼虫效果不定(57%~100%),疗效比伊维菌素差得多。

犬:莫西菌素对犬的驱虫作用和美贝霉素相似,即对犬钩口线虫有高效,但对弯口属钩虫,如欧洲犬钩口线虫效果不佳。因为前者一次内服25微克/千克量即对犬钩口线虫有良效,而对后一虫种需用150微克/千克量始达相等效应,300微克/千克量对犬鞭虫亦无效。低剂量莫西菌素对犬恶丝虫的预防作用与伊维菌素相似,如按3微克/千克剂量对犬恶丝虫1月龄及2月龄幼虫的驱除率达100%。

【注意】 莫西菌素对动物较安全,而且对伊维菌素敏感的长毛牧羊犬(Collies)用之亦安全,但高剂量,个别犬可能会出现嗜眠,呕吐,共济失调,厌食,下痢等症状。牛应用浇泼剂后,6小时内不能淋雨。

【用法与用量】 莫西菌素片剂,内服,一次量,每千克体重,犬3微克,每月1次。

莫西菌素溶液,内服,一次量,每千克体重,马0.4毫克,羊0.2毫克。

莫西菌素注射液,皮下注射,一次量,每千克体重,牛0.2毫克。

莫西菌素浇泼剂,背部浇泼,每千克体重,牛、鹿 0.5 毫克。

【制剂与规格】 莫西菌素片剂 30 微克;68 微克;136 微克。

莫西菌素溶液 100 毫升:0.1 克;100 毫升:0.2 克;250 毫升:0.25 克;250 毫升:0.5 克。

莫西菌素注射液 1 毫升:001 克;5 毫升:0.05 克。

莫西菌素浇泼剂 250 毫升:125 毫克;2.5 升:1.25 克。

美贝霉素肟

【作用】 美贝霉素肟对某些节肢动物和线虫具有高度活性,是专用于犬的抗寄生虫药。

【用途】 美贝霉素肟对内寄生虫(线虫)和外寄生虫(犬蠕形螨)均有高效。以较低剂量(0.5 毫克/千克或更低)对线虫即有驱除效应。对犬恶丝虫发育中幼虫均极敏感,目前本品已在澳大利亚、加拿大、意大利、日本、新西兰和美国上市,主要用以预防微丝蚴和肠道寄生虫(如犬弓首蛔虫、犬鞭虫和钩口线虫等),本品虽对钩口线虫属钩虫有效,但对弯口属钩虫不理想。

在犬恶丝虫第三期幼虫感染后 30 天或 45 天时,一次内服 0.5 毫克/千克美贝菌素肟均可完全防止感染的发展,但在感染后 60 天或 90 天时用药无效。如果在感染后 60 天用药,再按月用药一次(或数次)则完全可排除犬恶丝虫感染。对实验感染犬恶丝虫的猫,按月内服 0.5～0.9 毫克/千克量亦能完全排除感染。

美贝霉素肟是强有效的杀犬微丝蚴药物。一次内服 0.25 毫克/千克,几天内即使微丝蚴数减少 98% 以上。由于美贝霉素肟有很强的杀微丝蚴和阻止虫胚的发育作用,对感染犬恶丝虫的犬,每月一次应用预防剂量(0.5～1 毫克/千克),在 6～9 个月内使微丝蚴转变阴性,再用 4～6 个月,可使绝大多数动物继续保持无微丝蚴状态。

美贝霉素肟对犬蠕形螨也极有效。患蠕形螨(包括对双甲脒耐药)犬每天按 1～4.6 毫克/千克量内服,在 60～90 天内,患犬症状迅速改善而且大部分犬彻底治愈。

【药物相互作用】 本品不能与乙胺嗪并用,必要时至少应间隔 30 天。

【注意】 美贝霉素肟虽对犬毒性不大,安全范围较广,但长毛牧羊犬对本品仍与伊维菌素同样敏感。本品治疗微丝蚴时,患犬亦常出现中枢神经抑制、流涎、咳嗽、呼吸急促和呕吐。必要时可以 1 毫克/千克量的氢化泼尼松以预防之。

不足 4 周龄以及体重低于 0.454 千克的幼犬,禁用本品。

【用法与用量】 内服,一次量,每千克体重,犬 0.5～1 毫克/千克,每月一次。

【制剂与规格】 美贝霉素肟片 2.3 毫克;5.75 毫克;11.5 毫克;23 毫克。

多拉菌素

【作用】 多拉菌素为新型、广谱抗寄生虫药,对胃肠道线虫、肺线虫、眼虫、虱、蛴螬、蜱、螨和伤口蛆均有高效。本品的主要特点是血药浓度及半衰期均比伊维菌素高或延长 2 倍。

美国已批准牛、猪专用的注射液和牛专用的浇泼剂。多拉菌素的作用机理可参考伊维菌素。

【用途】 牛:在美洲和欧洲的对照试验表明,对多数线虫驱除率超过 99%,如奥氏奥斯特线虫、琴形奥斯特线虫、柏氏血矛线虫、捻转血矛线虫等。值得强调的是多拉菌素与伊维菌素和莫西菌素同样是一次皮下注射能维持药效数周的药物。

多拉菌素对各种节肢类动物寄生虫也很有效。100%有效的自然感染虫体有痒螨、疥螨、血虱、牛皮蝇(1,2,3 蜕皮期)。多拉菌素对牛虱有效率与其他阿维菌素一样为 82%,但对锥蝇更为有效,能在用药后 14 天内 100%防止犊牛感染。

猪:多拉菌素对猪蛔虫、兰氏类圆线虫、红色猪圆线虫成虫及第四期幼虫,以及猪肺线虫(后圆线虫)、猪肾虫(有齿冠尾线虫)成虫均有极佳驱除效果。多拉菌素对猪疥螨、猪血虱成虫及未成熟虫体也有良好驱杀效果。

【注意】 多拉菌素性质不太稳定,在阳光照射下迅速分解灭活,其残存药物对鱼类及水生生物有毒,因此应注意水源保护。多拉菌素浇泼剂,牛应用后,6小时内不能雨淋。休药期:牛35天,猪24天。

【用法与用量】 多拉菌素注射液皮下或肌肉注射,一次量,每千克体重,牛0.2毫克,猪0.3毫克。多拉菌素浇泼液,背部浇泼,每千克体重,牛0.5毫克。

【制剂与规格】 多拉菌素注射液100毫升:1克;250毫升:2.5克;500毫升:5克。

多拉菌素浇泼剂250毫升:125毫克;1.0升:0.5克;2.5升:1.25克。

阿维菌素

【作用】 阿维菌素的驱虫机理、驱虫谱以及药动力学情况与伊维菌素相同,其驱虫活性与伊维菌素大致相似,但本品性质较不稳定,特别对光线敏感,贮存不当时易灭活减效。

【用途】 阿维菌素对动物的驱虫谱与伊维菌素相似,兹以牛为例,以推荐剂量(200微克/千克)给牛皮下注射,几乎能驱净的虫体有:奥氏奥斯特线虫(成虫、第四期幼虫、蛰伏期幼虫)、柏氏血矛线虫(成虫、第四期幼虫)、艾氏毛圆线虫(成虫)、古柏线虫(成虫、第四期幼虫)、绵羊夏伯特线虫(成虫)、辐射食道口线虫(成虫、第四期幼虫)、胎生网尾线虫(成虫、第四期幼虫)。

阿维菌素至少在用药7天内能预防奥斯特线虫、柏氏血矛线虫、古柏线虫、辐射食道口线虫的重复感染,对胎生网尾线虫甚至能保持药效14天。对牛腭虱的驱除至少能保持药效56天以上。阿维菌素对微小牛蜱吸血雌蜱的驱除效应至少维持21天,而且能使残存雌蜱产卵减少。

阿维菌素对某些在厩粪中繁殖的双翅类幼虫也极有效,如给牛一次皮下注射200微克/千克,据粪便检查,至少在21天内能阻止水牛蝇(东方血蝇)的发育。

由于阿维菌素大部分由粪便排泄,因此对某些在厩粪中繁殖的双翅类昆虫幼虫发育受阻,所以,本类药物是牧场中最有效的厩粪灭蝇剂。一次皮下注射 200 微克/千克,粪便中残留阿维霉素对牛粪中金龟子成虫虽很少影响,但直至用药后 21 天(有些虫体为28 天)粪便中幼虫仍不能正常发育。

【注意】 阿维菌素的毒性较伊维菌素稍强。其性质不太稳定,特别对光线敏感,迅速氧化灭活,因此,阿维菌素的各种剂型,更应注意贮存使用条件。阿维菌素的其他注意事项可适当参考伊维菌素内容。

【用法与用量】 阿维菌素,内服,一次量,每千克体重,羊、猪0.3 毫克。阿维菌素注射液,皮下注射,一次量,每千克体重,牛、羊0.2 毫克,猪 0.3 毫克。阿维菌素浇泼剂,背部浇泼,一次量,每千克体重,牛、猪 0.5 毫克(按有效成分计)。耳根部涂敷,一次量,每千克体重,犬、兔 0.5 毫克(按有效成分计)。

【制剂与规格】 阿维菌素片 2 毫克;5 毫克。阿维菌素胶囊2.5 毫克。阿维菌素散 50 克:0.5 克 150 克;1 克。阿维菌素浇泼剂 2 毫升:10 毫克,100 毫升:500 毫克;500 毫升:2.5 克。

伊维菌素

【作用】 伊维菌素是新型的广谱、高效、低毒抗生素类抗寄生虫药,对体内外寄生虫特别是线虫和节肢动物均有良好驱杀作用。但对绦虫、吸虫及原生动物无效。

【用途】 伊维菌素广泛用于牛、羊、马、猪的胃肠道线虫、肺线虫和寄生节肢动物,犬的肠道线虫、耳螨、疥螨、心丝虫和微丝蚴,以及家禽胃肠线虫和体外寄生虫。

牛、羊:伊维菌素按 0.2 毫克/千克量给牛、羊内服或皮下注射,对血矛线虫、奥斯特线虫、古柏线虫、毛圆线虫(包括艾氏毛圆线虫)、圆形线虫、仰口线虫、细颈线虫、毛首线虫、食道口线虫、网尾线虫以及绵羊夏伯特线虫成虫及第四期幼虫、驱虫率达 97%~100%。上述剂量对节肢动物亦很有效:如蝇蛆(牛皮蝇、纹皮蝇、羊狂蝇)、螨(牛疥螨、羊痒螨)和虱(牛腭虱、牛血虱和绵羊腭虱)等。伊维菌素对嚼虱(毛虱属)和绵羊羊蜱蝇疗效稍差。

伊维菌素对蜱以及粪便中繁殖的蝇也极有效,药物虽不能立即使蜱死亡或肢解,但能影响摄食、蜕皮和产卵,从而降低生殖能力。一次给动物皮下注射 0.2 毫克/千克或每天喂低浓(0.51 毫克/千克)药物后 5 天时,蜱出现上述现象最为明显。按 0.2 毫克/千克剂量一次皮下注射对在粪便中繁殖的蝇也有一定的控制作用,牛用药 9 天后其粪便中面蝇、秋家蝇幼虫不能发育成虫,再过 5 天,由于蛹的畸形和成虫成熟过程受阻而使蝇的繁殖大为减少,对血蝇(扰血蝇)用上述剂量,四周后情况相似。

马:马内服 0.2 毫克/千克。伊维菌素对下列属大型和小型圆形线虫的成虫及第四期幼虫均有高效(95%～100%),特别是,伊维菌素推荐剂量(0.2 毫克/千克)对普通圆形线虫早期和第四期幼虫,移行期造成的肠系膜动脉损害治疗的有效率约为 99%,通常用药两天后,症状明显减轻,约 28 天损害症状全部消失。

猪:猪肌肉注射 0.3 毫克/千克伊维菌素对猪具广谱驱虫活性。如猪蛔虫、红色猪圆线虫、兰氏类圆线虫、猪毛首线虫、辐射食道口线虫、后圆线虫、有齿冠尾线虫成虫及未成熟虫体驱除率达94%～100%,对肠道内旋毛虫(肌肉内无效)也极有效。上述用药法对猪血虱和猪疥螨也有良好控制作用。

犬、猫:国外有专用剂型(按 6～12 微克/千克量)用于防治犬心丝虫微丝蚴感染,我国可试用 50 微克/千克内服法治疗心丝虫微丝蚴虫感染(成虫无效)。伊维菌素对犬、猫的某些节肢动物感染也有效,犬、猫皮下注射 200 微克/千克剂量,两周后再用一次能排除耳螨、疥螨、犬肺刺螨的感染。按 300 微克/千克量,连用 2 次(间隔 2 周)对姬螯螨感染也很有效。治疗犬蠕形螨病最好按 600微克/千克皮下注射量,间隔 7 天,连用 5 次。

禽:对家禽线虫如鸡蛔虫和封闭毛细线虫以及家禽寄生的节肢动物,如膝螨(突变膝螨等),按 200～300 微克/千克量内服或皮下注射均有高效,但本品对鸡异刺线虫无效。

驯鹿:对驯鹿的牛皮蝇蛆感染,按牛用量(200 微克/千克)皮下注射即可。

【药物相互作用】 伊维菌素商品制剂中含有的不同佐剂能影响药物的作用,如绵羊内服含吐温-80 做佐剂的制剂,伊维菌素用量达 4 000 微克/千克时,仍很安全,但若以丙二醇作佐剂时则使绵羊持续 3 天出现共济失调和血红蛋白尿。美国含吐温-80 做佐剂的伊维菌素注射剂是马属动物专用商品制剂,但不能用于犬,否则也极不安全。

【注意】 伊维菌素虽较安全,除内服外,仅限于皮下往射,因肌肉、静脉注射易引起中毒反应。每个皮下注射点,亦不宜超过 10 毫升。含甘油缩甲醛和丙二醇的国产伊维菌素注射剂,仅适用于牛、羊、猪和驯鹿,用于其他动物,特别是犬和马时易引起严重局部反应。多数品种犬应用伊维菌素均较安全,但有一种长毛牧羊犬对本品敏感,100 微克/千克以上剂量即出现严重不良反应。但 60 微克/千克量,一月一次,连用一年,对预防心丝虫病仍安全有效。伊维菌素对线虫,尤其是节肢动物产生的驱除作用缓慢,有些虫种,要数天甚至数周才能出现明显药效。伊维菌素对虾、鱼及水生生物有剧毒,残存药物的包装品切勿污染水源。阴雨、潮湿及严寒天气均影响 0.5% 伊维菌素浇泼剂的药效;牛皮肤损害时(蜱、疥螨)能使毒性增强。伊维菌素注射剂的休药期:牛 35 天,羊 42 天,产奶期禁用;猪 18 天;驯鹿 56 天;食用马禁用。预混剂休药期,猪 5 天。

【用法与用量】 伊维菌素,内服,一次量,每千克体重,家畜 0.2~0.3 毫克。伊维菌素注射液,皮下注射,一次量,每千克体重,牛、羊 0.2 毫克,猪 0.3 毫克。伊维菌素浇泼剂,背部浇泼,每千克体重,牛、羊、猪 0.5 毫克。

【制剂与规格】 伊维菌素预混剂,1 000 克:6 克。伊维菌素注射液 1 毫升:0.01 克(1 万单位);2 毫升:0.02 克(2 万单位);

5 毫升：0.05 克(5 万单位)；50 毫升：0.5 克(50 万单位)；100 毫升：1.0 克(100 万单位)。伊维菌素浇泼剂 250 毫升：125 毫克。

敌百虫

【作用】 敌百虫曾广泛用于国内临床,它不仅对消化道线虫有效,而且对姜片虫,血吸虫也有一定效果,此外,还用于防治外寄生虫病。

【用途】 马；敌百虫对马副蛔虫成虫及未成熟虫体、马尖尾线虫成虫和马胃蝇蛆(包括在胃内以及移行期虫体)均有高效,治疗量均能获得 100% 灭虫效果。

有人按 25 毫克/千克剂量(混于 1 000 毫升糖盐水或生理盐水中),给皮肤型柔线虫蚴病患马静脉注射,30 天左右"夏疮"治愈。如果用药前 20 分钟皮下注射 30 毫克阿托品,则不会出现毒副反应。

猪：猪内服 50～80 毫克/千克量敌百虫,对猪蛔虫成虫和未成熟虫体、食道口线虫成虫的灭虫率均接近 100%。但对毛首线虫作用不稳定。敌百虫对猪后圆线虫、猪巨吻棘头虫和猪冠尾线虫(肾虫)作用极弱。极大剂量(150 毫克/千克)对猪姜片虫减虫率为 85.2%。

牛、羊：治疗量对牛、羊血矛线虫、辐射食道口线虫、奥斯特线虫、艾氏毛圆线虫、牛弓首蛔虫、牛皮蝇蛆和羊鼻蝇蛆有高效,但牛必须在灌药前,先灌服 10% 重碳酸钠或硫酸铜溶液 60 毫升,关闭食道沟,否则效果较差。

据国内经验,对水牛血吸虫病,按 15 毫克/千克日量内服(极量 4.5 克),连用 5 天,效果良好,但对黄牛效果不佳。由于牛、羊对敌百虫反应严重,且投药方法繁琐,除特殊情况通常以不用为宜。

犬、猫：对犬弓首蛔虫、犬钩口线虫和狐狸毛首线虫以 75 毫克/千克量,连用 3 次(间隔 3～5 天)有良好驱虫效果。此外对蠕形螨、蜱、虱、蚤也有杀灭作用。

【药物相互作用】 由于敌百虫对宿主胆碱酯酶亦存在抑制效

应,因此,在用药前后两周内,动物不宜接触其他有机磷杀虫剂、胆碱酯酶抑制剂(毒扁豆碱、新斯的明)和肌松药,否则毒性大为增强。由于碱性物质能使敌百虫迅速分解成毒性更大的敌敌畏,因此总用碱性水质配制药液,并禁与碱性药物伍用。

【注意】 敌百虫安全范围较窄,治疗量即使动物出现不良反应,且有明显种属差异。如对马、猪、犬较安全,反刍兽较敏感,常出现明显中毒反应,应慎用;家禽,特别是鸡、鹅、鸭最敏感,以不用为宜。敌百虫肌肉注射时,中毒反应更为严重,加之我国无正式批准的注射剂上市,理应废止此种用药方法。敌百虫对畜禽中毒症状,主为腹痛、流涎、缩瞳、呼吸困难、大小便失禁、肌痉挛、昏迷直至死亡;轻度中毒,通常动物能在数小时内自行耐过;中度中毒应用大剂量阿托品解毒;严重中毒病例,应反复应用阿托品(0.5～1毫克/千克)和解磷定(15毫克/千克)解救。极度衰弱以及妊娠动物应禁用敌百虫,用药期间应加强动物护理。休药期:猪7天。

【用法与用量】 内服,一次量,每千克体重,马30～50毫克,牛20～40毫克,绵羊80～100毫克,山羊50～70毫克,猪80～100毫克。

极量,内服,一次量,马20克,牛150克。

【制剂与规格】 精制敌百虫片0.5克。

硫苯尿酯

【作用】 硫苯尿酯属苯并咪唑类前体药物,即在动物体内转变成苯并咪唑氨基甲酸甲酯而发挥驱虫作用。本品亦为广谱驱虫药,对大多数动物的胃肠线虫成虫及幼虫均有良好效果。

【用途】 羊:本品对毛圆线虫、古柏线虫、血矛线虫、夏伯特线虫、食道口线虫、细颈线虫、奥斯特线虫、仰口线虫,几乎能全部驱净。

牛:硫苯尿酯对牛驱虫谱与羊相似,治疗量对毛圆线虫、奥斯特线虫、血矛线虫、古柏线虫均有100%驱虫效果。

猪:对猪红色猪圆线虫、食道口线虫、猪毛首线虫有极佳效果。

对猪蛔虫宜饲料添加(按 6～7 毫克/千克日量)连用 14 天,才能有效。

【注意】　对苯并咪唑类耐药虫株,对本品存在交叉耐药可能性。休药期,牛、羊、猪均为 7 天;牛奶、羊奶,乳废弃时间为 72 小时。

【用法与用量】　内服,一次量,每千克体重,牛、羊、猪 50～100 毫克。

氟苯达唑

【作用】　氟苯达唑为甲苯达唑的对位氟同系物。它不仅对胃肠道线虫有效,而且对某些绦虫亦有一定效果。国外主要用于猪、禽的胃肠蠕虫病。

【用途】　猪:以治疗量(5 毫克/千克),连用 5 天,对猪蛔虫、红色猪圆线虫、有齿食道口线虫、野猪后圆线虫、猪毛首线虫几乎能全部驱净,但对细粒棘球绦虫,必须连用 10 天,才能控制仔猪病情。

羊:氟苯达唑对羊大多胃肠道线虫有良效,特别对毛首线虫,甚至优于氧苯达唑和奥芬达唑。通常用药一次,即有良好效果。

禽:氟苯达唑对鸡蛔虫、鸡毛细线虫、鹅裂口线虫、鹅毛细线虫、鹅毛圆线虫和气管比翼线虫也具极佳驱除效果。

【注意】　对苯并咪唑驱虫药产生耐药性虫株,对本品也可能存在耐药性。连续混饲给药,驱虫效果优于一次投药。休药期:猪 14 天。

【用法与用量】　内服,一次量,每千克体重,猪 5 毫克,羊 10 毫克。混饲,每 1 000 千克饲料,猪 30 克,连用 5～10 天,禽 30 克,连用 4～7 天。

【制剂与规格】　氟苯达唑预混剂 100 克:5 克。

甲苯达唑

【作用】　甲苯达唑不仅对动物多种胃肠线虫有高效,而且对某些绦虫亦有良效,并且是为数不多治疗旋毛虫的良药之一。甲苯达唑早在 20 世纪 80 年代已广泛用于世界各国的医学和兽医临床。为此,在我国兽医临床上理应大力推广应用。

【用途】 马:甲苯达唑对马大多数线虫有高效,如对马尖尾线虫、马副蛔虫、马圆形线虫、无齿圆形线虫、普通圆形线虫、多种小型圆形线虫、胎生普氏线虫有良好驱除效果。按 15～20 毫克/千克量,给驴连用 5 天,对安氏网尾线虫疗效极佳,按上述剂量一次应用,对马叶氏裸头绦虫有效率达 96%～99%。

甲苯达唑治疗量对马大裸头绦虫、大口德拉希线虫、艾氏毛圆线虫、类圆线虫、网尾线虫、蝇柔线虫无效。

羊:治疗量对普通奥斯特线虫、蛇形毛圆线虫、微管食道口线虫、乳突类圆线虫即有极强驱除效果。对其他线虫(如血矛属、古柏属、毛圆属、细颈属、仰口属、夏柏特属、毛首属)除非增大剂量(35 毫克/千克),否则作用有限。对羊肺线虫作用很弱。

犬、猫:甲苯达唑对犬、猫驱虫谱较广,对犬弓首蛔虫、猫弓首蛔虫、野猫弓首蛔虫、犬鞭虫、犬钩口线虫、欧洲犬钩口线虫、豆状带绦虫、泡状带绦虫、细粒棘球绦虫均有良效。以治疗量连用 5 天,对上述虫体均有极佳驱除效果。

禽:以 60 毫克/千克药料连用 7 天,对气管比翼线虫、鸡蛔虫、异刺线虫、毛细线虫成虫及幼虫均有高效。较大剂量(25～5.0 毫克/千克)对棘盘赖利绦虫、有轮赖利绦虫驱除率 100%。本品对长鼻分咽线虫效果不佳。感染气管比翼线虫的火鸡,患裂口线虫或混合感染鹅裂口线虫和细颈棘头虫的鸭、鹅,以 125 毫克/千克的药料,连喂 14 天,症状可全部消失。

野生动物:据国内动物园经验,野生反刍兽,每天按 5 毫克/千克量,连喂 14 天;野生马族动物,按 1 毫克/千克量连用 14 天,几乎能使粪便中毛首线虫、毛细线虫、原圆线虫、圆形线虫、马副蛔虫虫卵全部转阴。推荐甲苯达唑治疗野生动物绦虫病方法:灵长类,5～10毫克/千克,连用 5 天(置水果内);食肉动物,15 毫克/千克,连用 2 天;鳍脚类动物,10 毫克/千克,连用 2 天(置鲜鱼中);有袋类动物,一次应用 15 毫克/千克。特别强调,甲苯达唑是治疗灵长类动物福氏类圆线虫、粪类圆线虫病的有效药物,控制这些致死性寄生虫病的治疗方案为:先按 25 毫克/千克内服量,一天 2 次,连用 7 天,停药 7 天后,再按 50 毫克/千克量,一天 2 次。连用 7 天,再停药 7 天,最后按 25 毫克/千克量,一天 2 次,连用 7 天而结束疗程。

杀灭虫卵:甲苯达唑可抑制粪便中十二指肠钩口线虫、美洲板口线虫和犬钩口线虫虫卵发育,动物按 140 毫克/千克药料、连喂 14 天,能 100% 杀灭在黏膜组织中包囊期旋毛虫幼虫。

【药物相互作用】 脂肪或油性物质,能增加甲苯达唑胃肠道吸收率而使毒性大为增强。

【注意】 长期应用本品能引起蠕虫产生耐药性,而且存在交叉耐药现象。本品毒性虽然很小,但治疗量即引起个别犬厌食、呕吐、精神委顿以致出现血性下痢等现象。甲苯达唑对实验动物具致畸作用,应禁用于妊娠母畜。甲苯达唑药物颗粒的大小,能明显影响驱虫强度和毒性反应,如微细颗粒(<10.62 微米)虽然比粗颗粒(<21.27 微米)驱虫作用更强,但毒性亦增加 5 倍。权衡利弊,厂方仍愿将晶粉再球磨成极细粉以增强驱虫效果(甚至能阻止圆线虫幼虫在体内移行)。本品能影响产蛋率和受精率,蛋鸡以不用为宜;此外鸽子、鹦鹉因对本品敏感而应禁用。休药期:羊 7 天,奶废弃时间 24 小时;家禽 14 天。

【用法与用量】 内服,一次量,每千克体重,马 8.8 毫克,羊 15~30 毫克,内服,一次量,犬、猫,体重不足 2 千克,50 毫克,体重 2 千克以上,100 毫克,体重超过 30 千克,200 毫克,一日 2 次,连用 5 天。混饲,每 1 000 千克饲料,禽,60~120 克,连用 14 天。

噻嘧啶

【作用】 噻嘧啶为广谱、高效、低毒的胃肠线虫驱除药。

由于双羟萘酸噻嘧啶难溶于水,因而在肠道极少吸收,从而能到达大肠末端发挥良好的驱蛲虫作用。

【用途】 马：马用噻嘧啶双羟萘酸盐或酒石酸盐的各种专用剂型均对下列虫体有高效，马副蛔虫（成虫88%～100%、未成熟虫体100%），普通圆形线虫（92%～100%）、马圆形线虫（100%）、胎生普氏线虫（93%～100%）。但对无齿圆形线虫（42%～100%）、小型圆形线虫（69%～99%）、马尖尾线虫（成虫7%～100%、未成熟虫体33%～100%）效果较差或作用不稳定。

双羟萘酸噻嘧啶对回盲肠绦虫（叶状裸头绦虫）必须用双倍治疗量（13.2毫克/千克）才能有效。

按2.64毫克/千克日量，连续饲喂酒石酸噻嘧啶，对马大型圆形线虫、小型圆形线虫、蛔虫、蛲虫成虫和幼虫均有良好效果，除明显减轻牧场的污染，并减弱移行期幼虫对动物肺、肝的损害。

噻嘧啶对马胃虫（蝇柔线虫、大口德拉西线虫）、韦氏类圆线虫、艾氏毛圆线虫作用有限或无效。对马胃蝇蛆如果不并用其他药物也属无效。

猪：酒石酸噻嘧啶对猪蛔虫和食道口线虫很有效。按22毫克/千克剂量喂服不仅对猪蛔虫成虫有效。而且对趋组织期以及消化道内由虫卵孵化出的幼虫和在穿透肠壁前的幼虫（均属感染性蛔虫幼虫）亦均有效，如果用低剂量（110毫克/千克饲料浓度）连续饲喂不仅可治疗猪蛔虫症，而且还能预防。一次给予治疗量，对管腔居留期的食道口线虫，有效率为99%，有些试验还证明猪内服酒石酸噻嘧啶25毫克/千克。对猪胃虫（红色猪圆线虫）成虫有效率96%，对，12日龄（73%），5日龄（60%）未成熟幼虫效果较差。噻嘧啶对猪鞭虫、肺线虫无效。

羊：酒石酸噻嘧啶25毫克/千克量对捻转血矛线虫（包括对噻苯达唑耐药虫株）、奥氏奥斯特线虫、普通奥斯特线虫、艾氏毛圆线虫、蛇形毛圆线虫、细颈线虫、古柏线虫、仰口线虫驱虫率均超过96%。对食道口线虫、夏伯特线虫作用稍差。对类圆线虫无效。

酒石酸噻嘧啶对蛇形毛圆线虫7、14、21日龄虫体驱除率分别为99%、81%和94%，对上述三种相同日龄的凶恶细颈线虫驱除率均为100％。对奥斯特线虫居留管腔未成熟虫体亦有高效,但对7日龄趋组织期虫体疗效仅为42％。连续按3毫克/千克日量饲喂噻嘧啶,用药后10天,绵羊胃肠寄生虫此对照组少97％。

牛:对牛的驱虫谱大致与羊相似,即治疗量(25毫克/千克)酒石酸噻嘧啶对奥斯特线虫、捻转血矛线虫、毛圆线虫、细颈线虫、古柏线虫均有高效。对未成熟虫体驱除效果较羊稍差。

犬、猫:双羟萘酸噻嘧啶一次用5毫克/千克剂量,对犬普通钩虫(犬钩口线虫、欧洲犬钩虫)、蛔虫(犬弓首蛔虫、狮弓蛔虫)有95％疗效。双羟萘酸噻嘧啶对犬鞭虫、绦虫、心丝虫无效。

双羟萘酸噻嘧啶,按20毫克/千克剂量用于猫时,对普通钩虫(管状钩虫)、蛔虫(猫弓首蛔虫)都极有效。本品对猫比犬安全,4～6周龄幼猫连续用大剂量(100毫克/千克)3天,均安全无恙。

【药物相互作用】　由于噻嘧啶对宿主具有较强的烟碱样作用。因此忌与安定药、肌松药以及其他拟胆碱药、抗胆碱酯酶药(如有机磷驱虫剂)并用。与左旋咪唑、乙胺嗪并用时亦能使毒性增强,用时慎重。噻嘧啶的驱虫作用能为哌嗪相互拮抗,故不能伍用。

【注意】　由于噻嘧啶具有拟胆碱样作用,妊娠及虚弱动物禁用本品(特别是酒石酸噻嘧啶)。由于国外有各种动物的专用制剂已解决酒石酸噻嘧啶的适口性较差问题。因此,用国产品饲喂时必须注意动物摄食量,以免因减少摄入量而影响药效。由于酒石酸噻嘧啶易吸收而安全范围较窄,用于大动物(特别是马)时,必须精确计量。由于噻嘧啶(包括各种盐)遇光易变质失效。双羟萘酸盐配制混悬药液后应及时用完;而酒石酸盐国外不容许配制药液,多作预混剂,混于饲料中给药。因为双羟萘酸噻嘧啶对马未进行过残留量研究,故禁用于食用马。美国FDA规定,猪的休药期为1天,肉牛为14天。

【用法与用量】　双羟萘酸噻嘧啶,内服,一次量,每千克体重,马6.6毫克,犬、猫5～10毫克(均指盐基量)。酒石酸噻嘧啶内服,一次量,马12.5毫克,牛、羊25毫克,猪22毫克(每头不得超过2克)。

【制剂与规格】 双羟萘酸噻嘧啶片0.3克(相当于盐基0.104克)。

左旋咪唑

【作用】 左旋咪唑为广谱、高效、低毒的驱线虫药,对多种动物的胃肠道线虫和肺线虫成虫及幼虫均有高效。虽然左旋咪唑的驱虫活性比噻咪唑更强。毒性更低,但由于注射给药(盐酸盐)出现的毒性反应较多,美国最近批准上市的均更改为13.65%磷酸左旋咪唑注射液(局部刺激性较弱)。而盐酸左旋咪唑多制成内服剂——如大丸剂、饮水剂和泥膏剂。

左旋咪唑对动物还有免疫增强作用。即能使免疫缺陷或免疫抑制的动物恢复其免疫功能,但对正常机体的免疫功能作用并不显著。如它能使老龄动物、慢性病患畜的免疫功能低下状态恢复到正常;并能使巨噬细胞数增加,吞噬功能增强;虽无抗微生物作用,但可提高患畜对细菌及病毒感染的抵抗力,但应使用低剂量(1/3~1/4驱虫量),因剂量过大,反能引起免疫抑制效应。

左旋咪唑对动物体的药效学还表明,它存在毒蕈碱样和烟碱样双重作用。因此引发的中毒症状(如流涎、排粪以及由于平滑肌收缩而引起的呼吸困难等),与有机磷中毒相似。事实上,本品的毒性与抑制胆碱酯酶有关,从而引发乙酰胆碱的毒蕈碱样作用,如瞳孔缩小,支气管收缩,消化道蠕动增强,心率减慢以及其他拟胆碱神经系统兴奋等现象,但值得强调的是左旋咪唑中毒所引起的烟碱样症状,一般多为作用更明显的毒蕈碱样作用所掩盖。

【用途】 牛、羊:左旋咪唑对反刍兽寄生线虫成虫高效的虫体有:皱胃寄生虫(血矛线虫、奥斯特线虫),小肠寄生虫(古柏线虫、毛圆线虫、仰口线虫),大肠寄生虫(食道口线虫)和肺寄生虫(网尾线虫)。一次内服或注射,对上述虫体成虫驱除率均超过96%。除艾氏毛圆线虫外,其疗效均超过噻苯达唑,对毛首线虫作用不稳定。但对古柏线虫以及肺线虫未成熟虫体几乎能全部驱净。对奥斯特线虫、血矛线虫未成熟虫体亦有 87% 以上驱除效果。

对牛眼虫(吸吮线虫)除内服或皮下注射外,还可以 1% 溶液 2 毫升直接注射于结膜囊内而治愈。

猪:不同的给药方法(饮水、混饲、灌服或皮下注射),其驱虫效果大致相同,治疗量(8 毫克/千克)对猪蛔虫,兰氏类圆线虫、后圆线虫驱除率接近 99%。对食道口线虫(72%~99%),猪肾虫(有齿冠尾线虫)颇为有效。此外,有些资料还证实,左旋咪唑对红色猪圆线虫也有高效。对猪鞭虫病、注射(95%)比混饲(40%)给药效果好。

某些猪线虫幼虫也能为左旋咪唑驱除,如后圆线虫第三期、第四期未成熟虫体,以及奥斯特线虫、猪蛔虫未成熟虫体也有 90% 以上驱除效果,但对后两种虫体的第三期未成熟虫体,疗效低于 65%。

禽:按 36 或 48 毫克/千克体重日量,给雏鸡饮水给药,对鸡蛔虫、鸡异刺线虫、封闭毛细线虫成虫驱除率在 95% 以上。对未成熟虫体及幼虫的驱除率亦佳,上述用法,适口性好,亦未发生中毒症状。饮水给药对鸡眼虫(孟氏尖旋尾线虫)也很有效。如果用 10% 左旋咪唑溶液直接滴入鸡眼内无刺激性,且在 1 小时内能杀灭所有虫体。

对火鸡气管比翼线虫颇为有效,饮用药液后,约 16 小时即排除火鸡口腔内所有虫体,但必须按 3.6 毫克/千克日量。连续饮用 3 天。鹅裂口线虫病,应用(70 毫克/千克)左旋咪唑内服,也有良效。患鸽蛔虫的肉鸽,按 40 毫克/千克量,内服 2 次(间隔 24 小时),虫卵转阴率 92% 左右。

犬、猫:左旋咪唑按 10 毫克/千克日量连服两天,或一次皮下注射 10 毫克/千克,对犬蛔虫(弓首蛔虫、狮弓蛔虫)、钩虫(钩口属、板口属)驱除率超过 95%。但对鞭虫(犬鞭虫)无效。对严重感染蛔虫和钩虫的病犬,通常需重复用药。感染欧氏丝虫病犬,需按

7.5 毫克/千克日量，皮下注射，连用 30 天，才能消除症状。

左旋咪唑亦可做杀犬心丝虫微丝蚴药，需按 5.5 毫克/千克量，一日 2 次（间隔 12 小时），连用 6 天（如果犬微丝蚴仍为阳性时应连用 15 天）。由于在用药过程中，犬屡发呕吐，因而限制了左旋咪唑的广泛使用。

美国有许多猫的肺线虫（奥妙毛圆线虫）已对多种药物产生耐药性，但试验证明，间隔 2 天，以不同剂量 6 次内服，即第一天、第三天、第五天用 7.5 毫克/千克，第七天、第九天用 15 毫克/千克，第十一天用 30 毫克/千克，可使症状消失，粪便中幼虫转阴。

马：左旋咪唑对马寄生虫的驱除效果和其他动物一样，对马副蛔虫和蛲虫成虫特别有效。如按 7.5～15 毫克/千克量（灌服或混饲）或皮下注射 5～10 毫克/千克能驱净马副蛔虫。对马肺丝虫（网尾线虫），需按 5 毫克/千克剂量，间隔 3～4 周，2 次肌肉注射，驱除率达 94%。

左旋咪唑即使剂量提高到 40 毫克/千克以上，对多种大型或小型圆形线虫的效果仍然很差（17%～85%）。由于 20 毫克/千克以上剂量，已经能引起马匹不良反应和死亡，加之对大型圆形线虫作用有限，从而限制了左旋咪唑对马的广泛应用。

野生动物：由于野生动物不可能用剖检法进行鉴定试验，通常只能根据粪便中虫卵数来决定有效率。因此，不能反映宿主的真正荷虫量变化。

对瘤牛的主要寄生虫（血矛线虫、仰口线虫、古柏线虫等）内服或皮下注射 2.5 毫克/千克，驱虫率为 90%～100%。患胃肠寄生虫病的象，按 2.5 毫克/千克量用药，亦明显改善临床症状。严重感染盘尾丝虫的黑猩猩，每天用 10 毫克/千克，连续注射 15 天，可明显改善临床症状。肺部患棒线虫病的水蛇和青草蛇，一次腹腔注射 5 毫克/千克，除改善临床症状外，并使粪便中寄生幼虫消失。

调节宿主免疫功能：左旋咪唑还能提高机体免疫功能，特别是对老龄或慢性病患畜。它通过提高 T 淋巴细胞和吞噬细胞的活性而调节免疫功能。因而对免疫功能抑制动物特别有效。人工接种副流感-3病毒,对患传染性牛鼻气管炎、牛病毒性下痢的犊牛,并用左旋咪唑比单用对症药物治疗的康复要快得多。目前对牛、犬、猫推荐的用药方案是,连用3天,停药3天,再用3天为一周期,对慢性疾病,可按上述疗程,连续使用,每天用药量为驱虫量的1/4~1/3。

【药物相互作用】 由于左旋咪唑对动物机体有拟胆碱样作用。因此在应用有机磷化合物或乙胺嗪14天内,禁用本品。

本品不宜与四氯乙烯合用,以免增加毒性。

【注意】 左旋咪唑对动物的安全范围不广,特别是注射给药时有发生中毒甚至死亡事故。因此单胃动物除肺线虫宜选用注射法外,通常宜内服给药。马对左旋咪唑较敏感,骆驼更敏感,用时务必精确计算,以防不测。犬、猫亦敏感,内服常引起呕吐,而影响药效。注射法(特别是大剂量)多出现严重反应(流涎,肌肉震颤),甚至死亡。国外有些宠物医院甚至认为,为防中毒死亡,用大剂量前务必使动物阿托品化。应用左旋咪唑引起的中毒症状(如流涎、排粪、呼吸困难、心率变慢)与有机磷中毒相似,此时,可用阿托品解毒,若发生严重呼吸抑制,可试用加氧的人工呼吸法解救。盐酸左旋咪唑注射时,对局部组织刺激性较强,反应严重,而磷酸左旋咪唑刺激性稍弱,故国外多用磷酸盐专用制剂,供皮下、肌肉注射。但仍出现短暂时间的轻微局部反应。为安全计,妊娠后期动物,去势、去角、接种疫苗等应激状态下,动物不宜采用注射给药法。左旋咪唑片剂,内服,休药期:牛2天,羊3天,产奶期禁用,猪3天。左旋咪唑注射剂,牛14天,羊28天,产奶期禁用,猪28天。

【用法与用量】 盐酸左旋咪唑,内服,一次量,每千克体重,牛、羊、猪7.5毫克,犬、猫10毫克,禽25毫克。盐酸左旋咪唑注射液,皮下、肌肉注射,一次量,每千克体重,牛、羊、猪7.5毫克,犬、猫10毫克,禽25毫克。磷酸左旋咪唑注射液,注射剂量同盐酸左旋咪唑注射液。

【制剂与规格】 盐酸左旋咪唑片25毫克;50毫克。盐酸左旋咪唑注射液2毫升:0.1克;5毫升:0.25克;10毫升:0.5克。磷酸左旋咪唑注射液5毫升:0.25克;10毫升:0.5克;20毫升:1克。

氧苯达唑

【作用】 氧苯达唑为高效低毒苯并咪唑类驱虫药,虽然毒性极低,但因驱虫谱较窄,仅对胃肠道线虫有高效,因而应用不广。

【用途】 马:氧苯达唑对马大多数胃肠线虫及幼虫均有高效。如对大型圆形线虫(无齿圆形线虫、马圆形线虫、普通圆形线虫)、小型圆形线虫(杯冠线虫、杯环线虫、双冠线虫、三齿线虫、盅口线虫、辐首线虫)、马副蛔虫、韦氏类圆线虫成虫(用高限剂量)具极佳驱虫效果。此外对胎生普氏线虫,马尖尾线虫成虫及幼虫也有良效。氧苯达唑对艾氏毛圆线虫作用不稳定,对肺线虫、柔线虫、马丝状线虫无效。

牛:对牛血矛线虫、奥斯特线虫、毛圆线虫、类圆线虫、细颈线虫、古柏线虫、仰口线虫、毛细线虫、毛首线虫成虫及幼虫以及食道口线虫成虫均有高效。本品对莫尼茨绦虫作用不强。

羊:氧苯达唑对羊血矛线虫、奥斯特线虫、毛圆线虫、细颈线虫、古柏线虫、食道口线虫、夏伯特线虫、毛首线虫成虫及幼虫均有优良效果。但对马歇尔线虫、网尾线虫、肝片形吸虫无效。

猪:一次用药对猪蛔虫有极佳驱除效果,并能使食道口线虫患猪粪便中虫卵全部转阴。若以0.05%~0.1%药料喂猪14天,不仅可防止蛔虫感染所引起的致死作用,而且可阻止幼虫移行所致的肺炎症状。氧苯达唑对毛首线虫作用不稳定,对姜片吸虫无效。

犬:患犬钩虫、管形钩虫的犬,按10毫克/千克量,连用5天,粪便虫卵几乎全部转阴。但据国内报道,一次内服10毫克/千克。对犬蛔虫、犬钩虫粪便虫卵转阴率均超过90%。

禽:一次内服40毫克/千克,对鸡蛔虫成虫、幼虫以及鸡异刺线虫有效率接近100%;对卷棘口吸虫也有良效。本品对钩状唇旋线虫、毛细线虫无效。

野生动物:国内有资料证实,以 10 毫克/千克日量,连服 2 天,对动物园喂养的狮、虎、熊、豹、猞猁等的狮弓蛔虫、多乳突弓蛔虫和猫弓首蛔虫虫卵转阴率接近 100%。大象用 2.5 毫克/千克量,对胃肠道多种线虫也颇有效。

【注意】 对噻苯达唑耐药的蠕虫,也可能对本品存在交叉耐药性。休药期:牛 4 天,奶废弃时间 72 小时;羊 4 天,猪 14 天。

【用法与用量】 内服,一次量,每千克体重,马、牛 10~15 毫克,羊、猪毫克,禽 30~40 毫克。

【制剂与规格】 氧苯达唑片 25 毫克;50 毫克;100 毫克。

奥芬达唑

【作用】 奥芬达唑为芬苯达唑的衍生物,属广谱、高效、低毒的新型抗蠕虫药,其驱虫谱大致与芬苯达唑相同,但驱虫活性更强。

【用途】 牛:奥芬达唑对牛奥斯特线虫、血矛线虫、毛圆线虫、古柏线虫、仰口线虫、食道口线虫以及网尾线虫成虫及幼虫、贝氏莫尼茨绦虫均有高效。

羊:治疗量对羊奥斯特线虫、毛圆线虫、细颈线虫成虫以及细颈线虫、奥线特线虫、血矛线虫、夏伯特线虫、网尾线虫幼虫能全部驱净;对古柏线虫、食道口线虫、血矛线虫、夏伯特线虫、毛首线虫成虫以及莫尼茨绦虫也有良好驱除效果。奥芬达唑对乳突类圆线虫效果较差。

猪:对猪蛔虫、有齿食道口线虫、红色猪圆线虫成虫及幼虫均有极佳驱除效果。但对毛首线虫作用有限。

马:奥芬达唑对马亦属广谱驱虫药,几乎对胃肠道所有线虫都有效。如对马蛔虫、马副蛔虫、马圆形线虫、三齿属线虫、艾氏毛圆线虫、尖尾线虫、小型圆形线虫成虫有高效;对马尖尾线虫、小型圆形线虫、马普通圆形线虫未成熟体也有良好效果。但对柔线属线虫和大口德拉希线虫无效。

骆驼:对自然感染血矛线虫、奥斯特线虫、毛圆线虫、细颈线虫、古柏线虫、仰口线虫、夏伯特线虫、食道口线虫和莫尼茨绦虫的骆驼,按4.5毫克/千克内服量连用3天,粪便中虫卵数减少82%～99%。

犬:奥芬达唑对犬蛔虫、钩虫成虫及幼虫也有较好效果;对犬欧氏类丝虫应按10毫克/千克日量。连用28天,才能有效。

杀灭虫卵:本品的杀灭虫卵作用与芬苯达唑相同。

【药物相互作用】 本品与芬苯达唑相同,不能与杀片形吸虫药溴胺杀并用,否则会引起绵羊死亡和母牛流产。

【注意】 本品能产生耐药虫株,甚至产生交叉耐药现象。本品原料药的适口性较差,若以原料药混饲,应注意防止因摄食量减少,药量不足而影响驱虫效果。奥芬达唑治疗量(甚至2倍量)虽对妊娠母羊无胎毒作用,但在妊娠17天时,用22.5毫克/千克量对胚胎有毒而有致畸影响,因此,妊娠早期动物以不用本品为宜。休药期:牛11天,羊21天,产奶期禁用。

【用法与用量】 内服,一次量,每千克体重,马10毫克,牛5毫克,羊5～7.5毫克,猪4毫克,犬10毫克。

【制剂与规格】 奥芬达唑片0.1克。

噻苯达唑

【作用】 噻苯达唑对动物多种胃肠道线虫均有驱除效果,对成虫效果好,对未成熟虫体也有一定作用。

【用途】 羊、牛:对牛、绵羊和山羊的大多数胃肠线虫成虫和幼虫都有良好驱除效果。如对血矛线虫、毛圆线虫、仰口线虫、夏伯特线虫、食道口线虫、类圆线虫成虫,应用低限剂量即有良好效果;而古柏线虫、细颈线虫可能还有奥斯特线虫成虫及敏感虫种的幼虫必须用高限剂量(100毫克/千克)才能获得满意效果。噻苯达唑对丝状网尾线虫、胎生网尾线虫作用不稳定,对毛首线虫无效。

马:低剂量(50毫克/千克)对马圆形线虫、小型圆形线虫、艾氏毛圆线虫、韦氏类圆线虫以及马尖尾线虫成虫即有良好驱除效果。对马蛔虫需用高剂量。对幼虫效果极差。

猪:猪的红色猪圆线虫、兰氏类圆线虫、有齿食道口线虫对噻苯达唑最敏感。常用的治疗量对猪蛔虫,毛首线虫无效。

犬:由于一次投药效果不佳,目前多采用在日粮中添加0.025%噻苯达唑,连用16周,几乎能将蛔虫、钩虫和毛首线虫驱净。

噻苯达唑对犬钱癣和皮肤霉菌感染疗效明显,按每日每千克体重100毫克量混饲,连用8天,钱癣痊愈;连用3周后霉菌症状全部消失。

禽:在饲料中添加0.1%噻苯达唑,连喂2~3周,能有效地控制气管比翼线虫,但对鸡蛔虫和鸡异刺线虫无效。

骆驼:高限剂量对乳突类圆线虫、玻状毛圆线虫、突尾毛圆线虫、裸颈刺形线虫有良好驱除效果。

杀灭幼虫、虫卵:噻苯达唑对胃肠腔内未成熟虫体有杀灭作用,但对趋组织期幼虫无效。由于噻苯达唑在用药1小时后即可抑制虫体产卵,还能杀灭动物排泄物中虫卵或抑制虫卵发育,加之能驱除寄生幼虫,故动物在转场前给药,能明显减轻对新牧场污染。

【药物相互作用】 由于并用免疫抑制剂,有时能诱发内源性感染,因此,在用噻苯达唑驱虫时,禁用免疫抑制剂。

【注意】 连续长期应用,能使寄生螨虫产生耐药性,而且有可能对其他苯并咪唑类驱虫药也产生交叉耐药现象。由于本品用量较大,对动物的不良反应亦较其他苯并咪唑类驱虫药严重,因此,过度衰弱,贫血及妊娠动物以不用为宜。休药期:牛8天,羊、猪30天,乳牛、奶羊的乳废弃时间为96小时。

【用法与用量】 内服,一次量,每千克体重,马、牛、羊、猪、骆驼50~100毫克。

【制剂与规格】 噻苯达唑片0.25克。

芬苯达唑

【作用】 芬苯达唑为广谱、高效、低毒的新型苯并咪唑类驱虫药。它不仅对动物胃肠道线虫成虫、幼虫有高度驱虫活性,而且对网尾线虫、矛形双腔吸虫、片形吸虫和绦虫亦有较佳效果。芬苯达唑在国外,不仅用于各种动物,甚至还有野生动物的专用制剂。

【用途】 羊:对羊血矛线虫、奥斯特线虫、毛圆线虫、古柏线虫、细颈线虫、仰口线虫、夏伯特线虫、食道口线虫、毛首线虫及网尾线虫成虫及幼虫均有极佳驱虫效果。此外还能抑制多数胃肠线虫的产卵。应用高限剂量,对羊扩展莫尼茨绦虫、贝氏莫尼茨绦虫亦有良效。但对吸虫必须连续应用大剂量才能有效,如 20 毫克/千克量连用 5 天,15 毫克/千克量连用 6 天,才能将矛形双腔吸虫和肝片形吸虫驱净。

牛:对牛的驱虫谱大致与绵羊相似。如对血矛线虫、奥斯特线虫、毛圆线虫、仰口线虫、细颈线虫、古柏线虫、食道口线虫、胎生网尾线虫成虫及幼虫均有高效。但对肝片形吸虫和前后盘吸虫童虫,则需应用 7.5～10 毫克/千克剂量,连用 6 天,才能有效。芬苯达唑对线虫还有抑制产卵作用。一次用药,22～36 小时后粪便中即无虫卵排出。

马:对马副蛔虫、马尖尾线虫成虫及幼虫、胎生普氏线虫、普通圆形线虫、无齿圆形线虫、马圆形线虫、小型圆形线虫,均有高效。但对柔线虫属、裸头属绦虫、韦氏类圆线虫以及转移于肠系膜中普通圆形线虫幼虫无效。

猪:虽然有人认为芬苯达唑一次给药对红色猪圆线虫、蛔虫、食道口线虫成虫及幼虫有效,但目前,美国推荐用连续给药法,以增强驱虫效果。如猪毛首线虫,一次应用 15 毫克/千克,疗效仅为 65%,而 3 毫克/千克量连用 6 天,驱虫效果超过 99%。由于每千克体重 3 毫克剂量混饲,连用 3 天,对猪蛔虫、食道口线虫、红色猪圆线虫、后圆线虫(一次用药有效剂量为 25 毫克/千克),甚至对有齿冠尾线虫(猪肾虫)驱除率几达 100%,加之对某些虫种幼虫也颇有良效,因而目前在国外得到广泛应用。

犬、猫:50 毫克/千克日量连用 3 天,对犬、猫的钩虫、蛔虫、毛首线虫有高效。按 50 毫克/千克日量连用 5 天对猫肺线虫;连用 3 天对猫胃虫均属最佳驱虫方案。

禽:对家禽胃肠道和呼吸道线虫有良效。按 8 毫克/千克日量连用 6 天,对鸡蛔虫、毛细线虫和绦虫有高效。对火鸡蛔虫一次有效剂量为 350 毫克/千克,但若以 45 毫克/千克饲料浓度连喂 6 天,则全部驱净火鸡蛔虫,异刺线虫和封闭毛细线虫。对雉、鹧鸪、松鸡、鹅、鸭的最佳驱虫方案是 60 毫克/千克饲料浓度连用 6 天。自然感染封闭毛细线虫和鸽蛔虫的家鸽,以 100 毫克/千克混饲,连用 3～4 天,有效率几近 100%。

野生动物:由于芬苯达唑对动物园的各种野生动物的驱虫作用安全可靠,美国 FDA 已批准了专用制剂。现简要介绍如下,对狮、虎、豹的猫弓首蛔虫、狮弓蛔虫、钩口线虫、带状绦虫,熊的狮弓蛔线虫、带状绦虫、贝蛔线虫可按每千克体重 10 毫克剂量内服,连用 3 天。对野生反刍动物、河马的血矛线虫、细颈线虫、毛圆线虫、毛首线虫、野猪的猪蛔虫、有齿食道口线虫、有齿冠尾线虫,分别按 2.5 毫克、3 毫克/千克日量,连用 3 天。

另有资料证实,对严重感染禽蛔虫、锯刺线虫、毛细线虫及吸虫的各种猛禽,以 25 毫克/千克量,连喂 3 天,几乎能驱净上述虫体。

杀灭虫卵:芬苯达唑对反刍兽毛圆科线虫、猪圆线虫、鸡蛔虫,以及人和犬的钩虫、鞭虫的虫卵均有杀灭作用。

【药物相互作用】 苯并咪唑类虽然毒性较低,且能与其他驱虫药并用,但芬苯达唑(还有奥芬达唑)属例外,与杀片形吸虫药溴胺杀并用时可引起绵羊死亡,牛流产。

马族动物应用芬苯达唑时不能并用敌百虫,否则毒性大为增强。

【注意】 长期应用,可引起耐药虫株。本品瘤胃内给药时(包括内服法)比真胃给药法驱虫效果好,甚至还能增强对耐药虫种的驱除效果,可能是前者的吸收率低,延长药物在宿主体内的有效驱虫浓度有关。由于国外多数实验资料已证实,本品连续应用低剂量,其驱虫效果优于一次给药,建议在条件允许情况下,进一步试验证实而推广之。牛休药期8天,奶废弃期3天;羊6天,产奶期禁用;猪5天。

【用法与用量】　内服,一次量,每千克体重,马、牛、羊、猪5～7.5毫克,犬、猫25～50毫克,禽10～50毫克。

【制剂与规格】　芬苯达唑片0.1克。芬苯达唑散100克:5克。

阿苯达唑

【作用】　阿苯达唑是我国兽医临床使用最广泛的苯并咪唑类驱虫药,它不仅对多种线虫有高效,而且对某些吸虫及绦虫也有较强驱除效应。

【用途】　牛:阿苯达唑对牛大多数胃肠道寄生虫成虫及幼虫均有良好驱除效果,通常低剂量对艾氏毛圆线虫、蛇形毛圆线虫、肿孔古柏线虫、牛仰口线虫、奥氏奥斯特线虫、乳突类圆线虫、捻转血矛线虫成虫即有极佳驱除效果。高限剂量,不仅几乎能驱净上述多数虫种幼虫,而且对辐射食道口线虫、细颈线虫、网尾线虫、莫尼茨绦虫、肝片形吸虫、巨片吸虫成虫也有极好效果。本品通常对真胃、小肠内未成熟虫体有良效,但对盲肠和大肠内未成熟虫体,以及肝片吸虫童虫效果极差。阿苯达唑对牛毛首线虫、指状腹腔丝虫、前后盘吸虫、胰阔盘吸虫和野牛平腹吸虫效果极差或基本无效。

羊:低剂量对血矛线虫、奥斯特线虫、毛圆线虫、细颈线虫、盖吉尔线虫、食道口线虫、夏伯特线虫、马歇尔线虫、古柏线虫成虫以及大多数虫种幼虫(马歇尔线虫、古柏线虫幼虫除外)均有良好驱除效果。低剂量还对网尾线虫成虫、未成熟虫体、莫尼茨绦虫成虫有效。高剂量对放射缝体绦虫、肝片形吸虫、大片形吸虫、矛形双腔吸虫成虫有明显驱除效果。阿苯达唑对羊肝片形吸虫未成熟虫体效果极差。

猪：低剂量对猪蛔虫、有齿食道口线虫、六翼泡首线虫具极佳驱除效果，应用高剂量虽对猪毛首线虫、刚棘颚口线虫有效，但对猪后圆线虫效果仍不理想。有试验证明，30～40毫克/千克混饲，连用5天，亦能彻底治愈猪后圆线虫病和猪毛首线虫病。阿苯达唑对蛭状巨吻棘头虫效果不稳定；对布氏姜片吸虫、克氏伪裸头绦虫、细颈囊尾蚴无效。

禽：应用推荐剂量，仅能对鸡四角赖利绦虫和棘盘赖利绦虫成虫有高效。对鸡蛔虫成虫驱虫率在90%左右。对鸡异刺线虫、毛细线虫、钩状唇旋线虫成虫效果极差。阿苯达唑应用25毫克/千克剂量对鹅剑带绦虫，棘口吸虫疗效100%，高至50毫克/千克量始对鹅裂口线虫有高效。

犬：患犬蛔虫或犬钩虫病犬，必须每天按50毫克/千克剂量连服3天，才能有效。上述剂量连用5天，对犬恶丝虫亦有效。

阿苯达唑对犬贾第鞭毛虫的抗虫活性甚至比甲硝唑强30～50倍。有人证实按25毫克/千克剂量每12小时内服一次，连用2天能清除患犬粪便中贾第鞭毛虫包囊，而且对用药犬无不良反应。

猫、兔：感染克氏肺吸虫猫，按100毫克/千克日量（分2次），连用14天能杀灭所有虫体。人工感染豆状囊尾蚴家兔，按15毫克/千克量，连用5天，能治愈疾病。

马：对马的大型圆线虫如普通圆形线虫、无齿圆形线虫、马圆形线虫以及马大多数小型圆形线虫成虫及幼虫均有高效。但阿苯达唑对马裸头属绦虫无效。

【注意】 阿苯达唑是苯并咪唑类驱虫药中毒性较大的一种，应用治疗量虽不会引起中毒反应，但连续超剂量给药，有时会引起严重反应。加之，我国应用的剂量比欧美推荐量（5～7.5毫克/千克）高，选用时更应慎重。加之，某些畜种，如马、兔、猫等对该药又较敏感，应选用其他驱虫药为宜。连续长期使用，能使蠕虫产生耐药性，并且有可能产生交叉耐药性。由于动物试验证明阿苯达唑具胚毒及致畸影响，因此，牛、羊在妊娠45天内，猪在妊娠30天内均禁用本品,看来其他动物在妊娠期内,亦不宜应用本品。休药期:牛28天,羊10天,产奶期禁用。

【用法与用量】 内服,一次量,每千克体重,马5～10毫克,牛、羊10～15毫克,猪5～10毫克,犬25～50毫克,禽10～20毫克。

【制剂与规格】 阿苯达唑片25毫克;50毫克;200毫克;500毫克。

2. 抗吸虫药

氯氰碘柳胺钠

【作用】 氯氰碘柳胺钠与碘醚柳胺同属水杨酰苯胺类化合物,是较新型广谱抗寄生虫药,对牛、羊片形吸虫、胃肠道线虫以及节肢类动物的幼虫均有驱杀活性。

【用途】 氯氰碘柳胺钠主要用于牛、羊杀肝片形吸虫药。内服10毫克/千克对肝片形吸虫成虫和8周龄虫体驱除率超过92.8%,对6周龄肝脏移行期未成熟虫体效果差(70%～77%)。绵羊一次内服15毫克/千克或肌肉注射7.5毫克/千克,对大片形吸虫8周龄未成熟虫体亦有良效(94.6%～97.7%)。本品对前后盘吸虫无效。对多数胃肠道线虫,如血矛线虫、仰口线虫、食道口线虫,5～7.5毫克/千克剂量,驱除率均超过90%。

羊捻转血矛线虫虽然也能对本品产生耐药性,但应用本品对各种耐药虫株(如耐伊维菌素、耐左旋咪唑、耐苯并咪唑类等)亦有良效。2.5～5毫克/千克量,对1、2、3期羊鼻蝇蛆均有100%杀灭效果;对牛皮蝇三期幼虫亦有较好驱杀效果。

【注意】 注射剂对局部组织有一定的刺激性。休药期,牛、羊28天,乳废弃时间28天。

【用法与用量】 内服,一次量,每千克体重,牛5毫克,羊10毫克。皮下注射,一次量,每千克体重,牛2.5毫克,羊5毫克。

【制剂与规格】 氯氰碘柳胺钠大丸剂500毫克。氯氰碘柳胺钠混悬液1 000毫升:50克。氯氰碘柳胺钠注射液250毫升：12.5 克。

碘醚柳胺

【作用】　碘醚柳胺是世界各国广泛应用的抗牛羊片形吸虫药。

【用途】　给羊一次内服 7.5 毫克/千克量,对不同周龄肝片形吸虫效果如下:12 周龄成虫率几达 100%;6 周龄未成熟虫体 86%~99%;4 周龄虫体 50%~98%。上述剂量对牛肝片形吸虫亦有同样效果。由于本品对 4~6 周龄片形吸虫有一定的疗效,因此优于其他单纯的杀成虫药。

碘醚柳胺对羊大片形吸虫成虫和 8 周、10 周龄未成熟虫体均有 99% 以上疗效,但对 6 周龄虫体有效率仅为 50% 左右。

此外,本品还适用于治疗血矛线虫病和羊鼻蝇蛆。对牛、羊血矛线虫和仰口线虫成虫和未成熟虫体有效率超过 96%。对羊鼻蝇蛆的各期寄生幼虫有效率高达 98%。

【注意】　为彻底消除未成熟虫体,用药 3 周后,最好再重复用药一次。

【用法与用量】　内服,一次量,每千克体重,牛、羊 7~12 毫克。

【制剂与规格】　碘醚柳胺混悬液 20 毫升:0.4 克。

硝氯酚

【作用】　硝氯酚是我国传统而广泛使用的牛、羊抗肝片形吸虫药。

【用途】　羊:硝氯酚是比较理想的驱肝片形吸虫药,3 毫克/千克量内服对肝片形吸虫成虫有效率为 93%~100%。对未成熟虫体,则周龄愈小用量愈大,如 4 毫克/千克量,对 8 周龄虫体有效率 58.4%,12 周龄虫体 100%;8 毫克/千克量,对 4 周龄虫体有效率 92.5%,6 周龄虫体 99.7%,8 周龄虫体 99.7%;16 毫克/千克则对 4 周龄虫体 100% 有效。

牛:硝氯酚对牛肝片形吸虫的驱除作用与羊肝片形吸虫相似。

3 毫克/千克量对成年黄牛肝片形吸虫成虫灭虫率为 98.74%。对犊牛成虫灭虫率仅为 76%～80%。水牛内服 1～3 毫克/千克也有极佳疗效,但 3 毫克/千克量对牦牛无效,10～12 毫克/千克量驱虫率达 100%。驱除肝片形吸虫童虫需用 16～20 毫克/千克剂量,但此时牛已出现中毒而无实用意义。

猪:3～8 毫克/千克量内服,对肝片形吸虫成虫驱除率几近 100%,而且动物耐受良好。

【药物相互作用】 硝氯酚配成溶液给牛灌服前,若先灌服浓氯化钠溶液,能反射性使食道沟关闭,使药物直接进入皱胃,虽增强驱虫效果,但同时亦因增加了毒、副作用的发生率,而不宜采用。硝氯酚中毒时,禁用钙剂静脉注射。

【注意】 治疗量对动物比较安全,过量引起的中毒症状(如发热、呼吸困难、窒息),可根据症状,选用安钠咖、毒毛旋花子苷、维生素 C 等治疗。硝氯酚注射液给牛、羊注射时,虽然用药更方便,用量更少,但由于治疗安全指数仅为 2.5～3,用时必须根据体重精确计量,以防中毒。

【用法与用量】 内服,一次量,每千克体重,黄牛 3～7 毫克,水牛 1～3 毫克,羊 3～4 毫克。

皮下、肌肉注射,一次量,每千克体重,牛、羊 0.6～1 毫克。

【制剂与规格】 硝氯酚片 0.1 克。硝氯酚注射液 2 毫升:80 毫克;10 毫升:400 毫克。

双酰胺氧醚

【作用】 双酰胺氧醚是传统应用的杀肝片形吸虫童虫药。对最幼龄童虫作用最强,并随肝片形吸虫日龄的增长而作用下降,是治疗急性肝片形吸虫病有效的治疗药物。

【用途】 羊:双酰胺氧醚最适用于绵羊由于童虫寄生在肝实质中引起的急性肝片形吸虫病。大量实践资料证实,100 毫克/千克量一次内服,对 1 日龄到 9 周龄的肝片形吸虫几乎有 100% 疗效。

双酰胺氧醚对10周龄新成熟的肝片形吸虫有效率为78%,对12周龄以上成虫效果差(低于70%),因此,一次用药,虽能驱净全部幼虫,但至少还有30%左右成虫在继续排卵,污染牧草地。

双酰胺氧醚对绵羊大片形吸虫童虫亦有良效,80毫克/千克量对3日龄、10日龄、20日龄、30日龄、40日龄、50日龄虫体灭虫率均达100%,但对70日龄成虫有效率仅为4%,对120日龄虫体无效。但剂量增至120毫克/千克,对70日龄、90日龄和120日龄虫体疗效几乎达到100%。

牛:75～100毫克/千克量内服,对黄牛、水牛的大片形吸虫成虫亦有一定效果。

【注意】 本品用于急性肝片形吸虫病时,最好与其他杀片形吸虫成虫药并用。做预防药应用时,最好间隔8周,再重复应用一次。本品安全范围较广,但过量可引起动物视觉障碍和羊毛脱落现象。休药期:羊7天。

【用法与用量】 内服,一次量,每千克体重,羊100毫克。

【制剂与规格】 双酰胺氧醚混悬液100毫升:10克;500毫升:50克。

溴酚磷

【作用】 溴酚磷属有机磷酸酯类抗肝片形吸虫药。

【用途】 溴酚磷用以驱除牛、羊肝片形吸虫,不仅对成虫有效(85%～100%),而且对肝实质内移行期幼虫也有良效。通常在一次内服治疗量后,虫卵转阴率为100%。

溴酚磷对动物园饲养的野生反刍兽(如鹿、麋、牛羚、驼等),按12～16毫克/千克量一次内服,对肝片形吸虫虫卵转阴率均为100%,但对于寄生于瘤胃的前后盘吸虫无效。

【药物相互作用】 本品禁与胆碱酯酶抑制剂并用。

【注意】 治疗量对少数动物(4.4%～9.9%)能出现食欲减退,粪便变稀甚至下痢,但通常能自行耐过。本品可减少牛奶产量长达11天。过量所致的严重中毒症状,可用阿托品解救。休药期：牛、羊均为 21 天，乳废弃时间 5 天。

【用法与用量】 内服，一次量，每千克体重，牛 12 毫克，羊 12～16 毫克。

【制剂与规格】 溴酚磷散 1 克：0.24 克。

溴酚磷片 0.24 克。

三氯苯达唑

【作用】 三氯苯达唑是苯并咪唑类中专用于抗片形吸虫的药物，对各种日龄的肝片形吸虫均有明显驱杀效果，是较理想的杀肝片形吸虫药。

【用途】 三氯苯达唑已广泛用于世界各国，对牛、绵羊、山羊等反刍动物肝片形吸虫具有极佳效果。

羊：三氯苯达唑低剂量（甚至低至 2.5 毫克/千克）即对羊 12 周龄成虫有效率达 98%～100%，5 毫克/千克量对 10 周龄成虫，10 毫克/千克量对 6～8 周龄虫体，12.5 毫克/千克对 1～4 周龄未成熟虫体，15 毫克/千克对 1 日龄虫体有效率几近 100%。

牛：三氯苯达唑对牛的肝片形吸虫驱杀效果与羊相似。6 毫克/千克量对 8～14 周龄成虫有效率 95%～99.5%；12 毫克/千克量，对 2 周龄、4 周龄、8 周龄虫体驱杀率分别为 79%、87%、99.4%。12 毫克/千克量对牛大片形吸虫成虫效果与肝片形吸虫相似。

其他：10 毫克/千克量对鹿肝片形吸虫、大片形吸虫。12 毫克/千克量对马肝片形吸虫也具良效。

【注意】 本品对鱼类毒性较大，残留药物容器切勿污染水源。治疗急性肝片形吸虫病，5 周后应重复用药一次。休药期，牛、羊均为 28 天，产奶期禁用。

【用法与用量】 内服，一次量，每千克体重，牛 12 毫克，羊、鹿 10 毫克。

【制剂与规格】 三氯苯达唑丸剂 250 毫克；900 毫克。

三氯苯达唑混悬液 2 500 毫升：125 克；2 500 毫升：250 克。

3. 抗绦虫药

吡喹酮

【作用】 吡喹酮是较理想的新型广谱抗绦虫和抗血吸虫药，目前广泛用于世界各国。

吡喹酮能使宿主体内血吸虫（包括日本分体血吸虫、曼氏分体血吸虫、埃及分体血吸虫）向肝脏移动，并在肝组织中死亡。此外，对大多数绦虫成虫及未成熟虫体均有良效。加之，对动物毒性极小，是较理想的抗寄生虫药物。

【用途】羊：吡喹酮对绵羊、山羊大多数绦虫均有高效，10～15毫克/千克剂量对扩展莫尼茨绦虫、贝氏莫尼茨绦虫、球点斯泰绦虫和无卵黄腺绦虫均有100%驱杀效果。对矛形双腔吸虫、胰阔盘吸虫、绵羊绦虫需用50毫克/千克量才能有效。对细颈囊尾蚴应以75毫克/千克，连服3天，杀灭效果100%。吡喹酮对绵羊、山羊日本分体吸虫有高效，20毫克/千克量灭虫率接近100%。

牛：10～25毫克/千克日量，连用4天，或一次内服50毫克/千克，对牛细颈囊尾蚴有高效。

犬、猫：2.5～5毫克/千克量内服或皮下注射，对犬豆状带绦虫、犬复孔绦虫、猫肥颈带绦虫、乔伊绦虫几乎100%有效；对细粒棘球绦虫、多房棘球绦虫需用5～10毫克/千克剂量，始能驱净虫体。对1～14日龄幼虫应用更高剂量。对孟氏迭宫绦虫、宽节裂头绦虫必须按25毫克/千克日量，连用2天。

吡喹酮对犬卫氏肺吸虫亦有良效，一次应用50毫克/千克或100毫克/千克，有效率分别为67%～100%和99%～100%，但如按25毫克/千克连用3天，有效率几近100%。

猪：吡喹酮对猪细颈囊尾蚴有较好效果，如以10毫克/千克量，连用14天，可杀灭大多数虫体；若以50毫克/千克量，应用5天，则灭虫率达100%。

有人以人工感染血吸虫尾蚴的猪进行治疗试验，按30毫克/千克量内服吡喹酮，其灭虫率接近90%。

禽：以 10～20 毫克/千克量一次内服，对鸡有轮赖利绦虫、漏斗带绦虫和节片戴文绦虫驱虫率接近：100％。对鹅、鸭矛形剑带绦虫、斯氏双睾绦虫、片形皱缘绦虫、细小匙沟绦虫、微细小体钩绦虫和冠状双盔绦虫亦有高效，10～20 毫克/千克量，药效接近 100％。

【注意】 本品毒性虽极低，但高剂量偶可使动物血清谷丙转氨酶轻度升高现象。治疗血吸虫病时，个别牛会出现体温升高，肌震颤和瘤胃膨胀等现象。大剂量皮下注射时，有时会出现局部刺激反应。犬、猫出现的全身反应（发生率为 10％）为疼痛、呕吐、下痢、流涎、无力、昏睡等现象，但多能耐过。

【用法与用量】 内服，一次量，每千克体重，牛，羊，猪 10～35 毫克，犬、猫 2.5～5 毫克，禽 10～20 毫克。吡喹酮注射液，皮下、肌肉注射，一次量，每千克体重，犬、猫 0.1 毫升（5.68 毫克）。

【制剂与规格】 吡喹酮片 0.2 克；0.5 克。吡喹酮注射液 10 毫升：0.568 克；50 毫升：2.84 克。

伊喹酮

【作用】 伊喹酮为吡喹酮同系物。是美国 20 世纪 90 年代批准上市的犬、猫专用抗绦虫药。

【用途】 应用推荐剂量伊喹酮，对犬、猫常见的绦虫—犬、猫复孔绦虫、犬豆状带绦虫、猫绦虫均有接近 100％疗效。最近有人按 5 毫克/千克剂量用于感染细粒棘球绦虫犬，对 7 日龄未成熟虫体有效率 94％，对 28 日和 41 日龄成虫灭虫率超过 99％，因而建议，对细粒棘球绦虫用 7.5 毫克/千克量为佳。由于伊喹酮在胃肠道极少吸收，因此对肠道外寄生虫如肺吸虫恐难有效。

【注意】 本品毒性虽较吡喹酮更低，但美国规定，不足 7 周龄犬、猫以不用为宜。

【用法与用量】 内服，一次量，每千克体重，犬 5.5 毫克，猫 2.75 毫克。

【制剂与规格】 伊喹酮片 12.5 毫克；25 毫克；50 毫克；100 毫克。

硫双二氯酚

【作用】 硫双二氯酚为广谱驱虫药,曾广泛用于国内外兽医临床实践。主要对犬、猫、家禽绦虫,牛、羊绦虫和瘤胃吸虫有良好驱除作用。

【用途】 羊:硫双二氯酚对羊的片形吸虫、前后盘吸虫和莫尼茨绦虫均有良效。70毫克/千克量内服对扩展莫尼茨绦虫、贝氏莫尼茨绦虫驱除率为100%。75毫克/千克量对肝片形吸虫、大片形吸虫成虫驱除率达98.7%～100%,但对未成熟虫体无效,对小盅前后盘吸虫成虫及童虫有效率92.7%～100%。硫双二氯酚对绵羊放射缝体绦虫需用200毫克/千克剂量才能有效。对曼氏分体吸虫和矛形双腔吸虫无效。

牛:硫双二氯酚对牛的驱虫谱与羊相似。一次内服治疗量,对莫尼茨绦虫具良效。2次内服(间隔48小时)对前后盘吸虫成虫、童虫和肝片吸虫成虫驱除效果颇佳。

马:10毫克/千克量对马、驴大裸头绦虫驱杀率达100%,30～35毫克/千克量对埃及腹盘吸虫,50毫克/千克对多种毛细线虫均有良好驱除效果。

猪:据称80～100毫克/千克量,对猪姜片吸虫有一定驱除效果。

犬、猫:硫双二氯酚对犬、猫多种带绦虫有良效,但对犬复孔绦虫效果较差。对犬、猫肺吸虫需隔天1次(100毫克/千克),连用10～15次后,才能发挥有效的控制作用。

禽:每天一次(100～200毫克/千克),连用2天对鸡有轮赖利绦虫、四角赖利绦虫、漏斗带绦虫、致疡棘壳绦虫有明显驱除效应。鹌鹑内服治疗量对小肠内绦虫作用明显。

鹅应用800毫克/千克量,4天后再内服一次,对大多数绦虫(特别是剑带绦虫)有良效。

【药物相互作用】 本品不能与六氯乙烷、吐酒石、吐根碱、六氯对二甲苯联合使用,否则使毒性增强。禁与乙醇或其他增加硫双二氯酚溶解度的药物并用,否则,促使药物大量吸收,甚至致死。

【注意】 多数动物对硫双二氯酚虽耐受良好,但治疗量常使犬呕吐,牛,马暂时性腹泻,虽多能耐过,但衰弱,下痢动物仍以不用为宜。为减轻不良反应,可减少剂量,连用0～3次。

【用法与用量】 内服,一次量,每千克体重,马 10～20 毫克,牛40～60 毫克,羊、猪 75～100 毫克,犬、猫 200 毫克,鸡 100～200毫克。

【制剂与规格】 硫双二氯酚片 0;25 克;0.5 克。

氯硝柳胺

【作用】 氯硝柳胺是世界各国广为应用的传统抗绦虫药,对多种绦虫均有杀灭效果。

【用途】 牛、羊:氯硝柳胺主用于牛、羊的莫尼茨绦虫和无卵黄腺绦虫感染。较大剂量对牛、羊、鹿的体绦虫也极有效。氯硝柳胺对绦虫头节和体节具有同样的驱排效果。有资料证实,氯硝柳胺对羊小肠和真胃内前后盘吸虫童虫有效率为 94%。

马:氯硝柳胺对马大裸头绦虫、叶状裸头绦虫和侏儒副裸头绦虫有良好驱除效果。不足 1 岁幼驹用 200 毫克/千克,1～2 岁驹用250 毫克/千克,成年马按 300 毫克/千克用量给药,驱杀率可达98.9%～100%。

犬、猫:美国 FDA 过去的资料曾认为:由于对犬复孔绦虫、豆状带绦虫、泡状带绦虫和猫绦虫效果最佳,推荐用氯硝柳胺。但最近不少研究资料证实,氯硝柳胺对犬复孔绦虫的作用和犬带绦虫、线形中裂孔绦虫一样,其驱虫效果变化不定,一次用药,对犬细粒棘球绦虫作用极差,但当应用 50 毫克/千克量,连用 2 天时,对其未成熟虫体有效率 100%。

禽:20 毫克/千克剂量,一次内服对鸡的各种赖利绦虫驱除率超过 90%,50 毫克/千克量疗效达 100%。并且可将漏斗带绦虫全部驱净。对火鸡赖利绦虫需内服 200 毫克/千克量才具良好驱杀效果。对鸽赖利绦虫,应用 160～250 毫克/千克始达 100%疗效。

灭杀钉螺:氯硝柳胺还具有杀灭钉螺及血吸虫尾蚴、毛蚴作用,对小河塘、沟渠、稻田及浅水草滩,可按 2 克/立方米药量,浸杀钉螺。陆地灭螺,按 2 克/平方米(加水 25 升),进行喷洒。

【注意】 本品安全范围较广,多数动物使用安全,但犬、猫较敏感,2 倍治疗量,则出现暂时性下痢,但能耐过;对鱼类毒性较强。动物在给药前,应禁食一宵。

【用法与用量】 内服,一次量,每千克体重,牛 50 毫克,羊 100 毫克,马 200~300 毫克,犬、猫 100~157 毫克。

【制剂与规格】 氯硝柳胺片 0.5 克。

丁萘脒

【作用】 盐酸丁萘脒对犬、猫绦虫具有杀灭作用。而羟萘酸丁萘脒主要用于羊的莫尼茨绦虫病。

【用途】 犬、猫:盐酸丁萘脒是专用于犬的杀绦虫病,治疗量对犬、猫大多数绦虫均有高效,如对细粒棘球绦虫、犬带绦虫成虫杀虫率几乎达 100%,对未成熟细粒棘球绦虫亦有良效(86%~99%),但对犬复孔绦虫变化不定(56%~90%)。有试验证实,猫、犬饱食后用药,能降低丁萘脒驱虫效果。

羟萘酸丁萘脒一次给药,对犬、猫绦虫基本无效,连用 4 天。虽对棘球绦虫、带绦虫有效,但因适口性差以及动物剧烈呕吐而无实用意义。

羊:英国早已批准羟萘酸丁萘脒用作羊灭绦药,一次应用治疗量,对扩展莫尼茨绦虫和贝氏莫尼茨绦虫的驱除率为 83%~100%。而且还证实,羊群饱食并不影响羟萘酸丁萘脒的驱虫活性,如果春、夏季驱虫后又重复感染,秋季仍可进行第二次驱虫。

禽:有人给鸡内服 400 毫克/千克量羟萘酸丁萘脒,对鸡赖利绦虫灭活率达 94%,且无毒性反应。

【注意】 盐酸丁萘脒适口性差,加之犬饱食后影响驱虫效果,因此,用药前应禁食 3~4 小时,用药后 3 小时进食。盐酸丁萘脒片剂,不可捣碎或溶于液体中,因为药物除对口腔有刺激性外,并因广泛接触口腔黏膜使吸收加速,甚至中毒。盐酸丁萘脒对犬毒性较大,肝病患犬禁用。用药后,部分犬出现肝损害以及胃肠道反应,但多能耐受。心室纤维性颤动,往往是应用丁萘脒致死的主要原因,因此,用药后的军犬和牧羊犬应避免剧烈运动。

【用法与用量】 盐酸丁萘咪,内服,一次量,每千克体重,犬、猫 25~50 毫克。

羟萘酸丁萘脒,内服,一次量,每千克体重,羊 25~50 毫克。

【制剂与规格】 盐酸丁萘脒片 100 毫克;200 毫克。

(二) 抗原虫药

1. 抗锥虫药

萘磺苯酰脲

【作用】 萘磺苯酰脲是脲的水溶性复合衍生物。是传统使用,毒性较小的抗锥虫药。

【用途】 萘磺苯酰脲主用以治疗马、牛、骆驼和犬的伊氏锥虫病,但预防性给药时效果稍差,最近有人证明对布氏锥虫以及马媾疫的作用亦不太理想。此外对乌干达地区的同型活动锥虫、刚果锥虫和猴锥虫完全无效。

【注意】 本品对牛、骆驼的毒性反应轻微,用药后仅出现肌震颤,步态异常,精神委顿等轻微反应。但对严重感染马族动物,有时出现发热,跛行,水肿,步行困难甚至倒地不起。为防止上述反应,对恶病质马除加强管理外,可将治疗量分 2 次注射,间隔 24 小时。治疗时,应用药 2 次(间隔 7 天),疫区预防,在发病季节,每 2 个月用一次。现用现配。

【用法与用量】 静脉注射,治疗,一次量,每千克体重,马 7~10 毫克(极量 4 克),牛 12 毫克,骆驼 8~12 毫克;预防,一次量,马、牛、骆驼 1~2 克;临用前配成 10% 灭菌水溶液。

【制剂与规格】 注射用萘磺苯酰脲 2 克;100 克。

注射用喹嘧胺

【作用】 喹嘧胺是传统使用的抗锥虫药,其毒性略强于萘磺苯酰脲。

【用途】 喹嘧胺抗锥虫范围较广,对伊氏锥虫、马媾疫锥虫、刚果锥虫、活跃锥虫作用明显,但对布氏锥虫作用较差。临床主用于防治马、牛、骆驼伊氏锥虫病和马媾疫。

甲硫喹嘧胺主要用于治疗锥虫病,而喹嘧氯胺则适用于预防;注射用喹嘧胺多在流行地区作预防性给药,通常用药一次,有效预防期,马为 3 个月,骆驼为 3～5 个月。

【注意】 本品应用时,常出现毒性反应,尤以马族动物最敏感,通常注射后 15 分钟到 2 小时,动物出现兴奋不安,呼吸急促,肌震颤,心率增数,频排粪尿,腹痛,全身出汗等,但通常能自行耐过,严重者可致死。因此,用药后必须注意观察,必要时可注射阿托品及其他支持、对症疗法。本品严禁静脉注射。皮下或肌肉注射时,通常出现肿胀,甚至引起硬结,经 3～7 天消退。用量太大时,宜分点注射。现用现配。

【用法与用量】 肌肉、皮下注射,一次量,每千克体重,马、牛、骆驼 4～5 毫克,临用时用灭菌水配成 10% 水悬液。

【制剂与规格】 注射用喹嘧胺 500 毫克:含喹嘧氯胺 285 毫克与甲硫喹嘧胺 214 毫克。

盐酸氯化氮氨菲啶(沙莫林)

【作用】 本品为长效抗锥虫药,主用于牛、羊的锥虫病。

【用途】 本品主用于抗牛、羊的锥虫药。通常对牛的刚果锥虫作用最强,但对活跃锥虫、布氏锥虫,以及在我国广为流传的伊氏锥虫也有较好的防治效果。据我国临床试验证明,患伊氏锥虫病耕牛,按 1 毫克/千克量肌肉注射,24 小时患牛病情明显改善,21 天后临床症状基本消失,血液生化值逐渐恢复正常。

【注意】 用药后,至少有半数牛群出现兴奋不安,流涎,腹痛,呼吸加速,继而出现食欲减退,精神沉郁等全身症状,但通常自行消失。为此,在用药前后,应加强对动物护理,以减少不良反应发生。本品对组织的刺激性较强,通常在注射局部形成的硬结,需

2～3周才消失。严重者还伴发局部水肿，甚至延伸至机体下垂部位。为此，必须深层肌肉注射，并防止药液漏入皮下。

【用法与用量】 肌肉注射，一次量，每千克体重，牛1毫克，临用前加灭菌水配成2%溶液。

【制剂与规格】 注射用盐酸氯化氮氨菲啶0.125克；1克；10克。

2. 抗梨形虫药

三氮脒

【性状】 本品为黄色或橙色结晶性粉末；无臭，遇光遇热变为橙红色。本品在水中溶解，在乙醇中几乎不溶，在氯仿及乙醚中不溶。

【作用】 三氮脒属于芳香双脒类，是传统使用的广谱抗血液原虫药，如对家畜梨形虫、锥虫和无形体均有治疗作用，但预防效果较差。

【用途】 牛：三氮脒对不同种属梨形虫效果不一。如对感染牛双芽巴贝斯虫的牛，低至0.5毫克/千克量即有效；3.5毫克/千克治疗量，24小时后虫体消失，体温恢复正常，疗效达100%。本品对分歧巴贝斯虫、牛巴贝斯虫作用不佳，用药4天后，血液中仍存在虫体，但临床症状已明显改善，如使升高的体温下降，死亡率减少等。三氮脒对多数梨形虫的预防效果不佳。

对牛的无形体，间隔24～48小时，二次注射7～10毫克/千克，也有较好效果。据报道，三氮胺对非洲的某些锥虫病预防时有良效。

马：三氮脒对马弩巴贝斯虫有良效，能完全清除虫体，但对马巴贝斯虫疗效较差，需用6～12毫克/千克大剂量，才能有效。但加大剂量，易出现毒性反应。三氮脒对马媾疫也有良好效果，通常对轻度感染马，按3.5毫克/千克日量，连用3天，疗程结束后24小时虫体消失，食饮逐渐恢复正常，水肿消失；但严重感染马匹，需按5～7毫克/千克日量，并应视具体病情而加长疗程。

犬、猫:置 5 毫克/千克推荐剂量的三氮脒,对犬巴贝斯虫引起的临床症状有明显消除作用。但对犬吉氏巴贝斯虫,则需应用 7 毫克/千克剂量,才能彻底清除虫体,但此剂量对犬已能引起明显的中枢神经系统症状。

【注意】 三氮脒毒性较大,安全范围较窄,治疗量有时也会出现不良反应,但通常能自行耐过。注射液对局部组织刺激性较强,而且马的反应较牛更为严重,故大剂量应分点深部肌注。骆驼对本品敏感,以不用为宜,马较敏感,用大剂量时慎重;水牛较黄牛敏感,特别是连续应用时,易出现毒性反应。大剂量能使乳牛产奶量减少。

【用法与用量】 肌肉注射,一次量,每千克体重,马 3～4 毫克。牛、羊 3～5 毫克。临用前配成 5%～7% 灭菌溶液。

【制剂与规格】 注射用三氮脒 1 克。

青蒿琥酯

【作用】 本品在医学临床上用作抗疟药。在兽医上可试做牛、羊泰勒虫和双芽巴贝斯虫防治药。

【用途】 某些试验资料认为可用以防治牛、羊泰勒虫和双芽巴贝斯虫。此外,还能杀灭红细胞内的配子体,减少细胞分裂及虫体代谢产物的致热原作用。

【注意】 本品对实验动物有明显胚胎毒作用;妊娠牲畜慎用。鉴于反刍兽内服本品极少吸收,加之过去的治疗试验不太规范。数据可信性差,应进一步试验以证实之。

【用法与用量】 青蒿琥酯片,内服,试用量,每千克体重,牛 5 毫克,首次量加倍,一日 2 次,连用 2～4 天。

【制剂与规格】 青蒿琥酯片 50 毫克。

3. 抗球虫药

盐酸氯苯胍

【作用】 氯苯胍属胍基衍生物。曾广泛用于禽、兔球虫病的防治。

【用途】 家禽:氯苯胍曾广泛用于我国做鸡的抗球虫药,60毫克/千克饲料浓度对柔嫩、毒害、布氏、巨型、堆型和缓和早熟艾美耳球的单独或混合感染均有良好的防治效果。对毒害和缓艾美耳球虫的效果与氯羟吡啶(125毫克/千克)相似。对柔嫩、堆型、巨型、布氏艾美耳球虫预防效果优于氯羟吡啶。

据试验,低药料浓度(30毫克/千克)喂鸡,虽不影响宿主对球虫免疫力,但影响抗球虫效果。因此,对暴发急性球虫病仍以60毫克/千克药料浓度为宜。

家兔:氯苯胍除对兔肠艾美耳球虫作用稍差外,对大多数兔艾美耳球虫(如中型艾美耳球虫、无残艾美耳球虫等)均有良好防治效果。

【注意】 由于氯苯胍长期连续应用已引起严重的球虫耐药性,多数养禽场已停用十多年。建议再度合理应用氯苯胍,可能会有较好的抗球虫效果。高饲料浓度(60毫克/千克)喂鸡,能使鸡肉、鸡肝、甚至鸡蛋出现令人厌恶气味,但低饲料浓度(30毫克/千克)不会发生上述现象。因此对急性暴发性球虫病,宜先用高药料浓度,1～3周后,再用低浓度维持为妥。某些球虫在应用氯苯胍时,仍能继续存活达14天之久,因此,停药过早,常招致球虫病复发。产蛋鸡禁用。休药期:禽5天,兔7天。

【用法与用量】 内服,一次量,每千克体重,禽、兔10～15毫克。

盐酸氯苯胍预混剂,混饲每1 000千克饲料,禽30～60克(有效成分),兔100～150克(有效成分)。

【制剂与规格】 盐酸氯苯胍片10毫克。盐酸氯苯胍预混剂100克∶10克;500克∶50克。

氢溴酸常山酮

【作用】 常山酮为较新型的广谱抗球虫药。具有用量小,无交叉耐药性等优点。

【用途】 常山酮对多种球虫均有抑杀效应,尤其对鸡柔嫩、毒害、巨型艾美耳球虫特别敏感,甚至 $1\sim2$ 毫克/千克饲料浓度即有良效。对堆型、布氏艾美耳球虫以及火鸡的小艾美耳球虫、腺艾美耳球虫、孔雀艾美耳球虫、必须用 3 毫克/千克推荐药料浓度才能阻止卵囊排泄。常山酮对氯羟吡啶和喹诺啉类药物产生耐药性的球虫,用之,仍然有效。在国外,常山酮还用于牛泰勒虫以及绵羊、山羊的山羊泰勒虫感染。

【注意】 常山酮安全范围较窄,治疗浓度(3 毫克/千克)对鸡、火鸡、兔等均属安全,但能抑制水禽(鹅、鸭)生长率。珍珠鸡最敏感,易中毒死亡。由于鱼及水生生物对本品极敏感,故喂药鸡粪及装盛药害器切勿污染水源。最近有人证实,由于常山酮对家禽及哺乳动物 I 型胶原细胞合成有抑制作用,从而导致用药家禽皮肤撕裂(Skin tears)。治疗浓度能影响健康雏鸡增重率,并使火鸡血液凝固加快,以及影响火鸡对球虫的免疫力。6 毫克/千克饲料浓度即影响适口性,使病鸡采食(药)减小,9 毫克/千克则多数鸡拒食。因此,药料必须充分拌匀。要求均匀度在 $2.1\sim3.9$ 毫克/千克之间,否则影响药效。由于连续应用,国内多数鸡场已出现严重的球虫耐药现象。禁与其他抗球虫药并用。12 周龄以上火鸡,8 周龄以上雏鸡,产蛋鸡及水禽禁用。休药期:肉鸡 5 天,火鸡 7 天。

【用法与用量】 混饲,每 1 000 千克饲料,禽 3 克。

【制剂与规格】 氢溴酸常山酮预混剂 1 000 克:6 克。

乙氧酰胺苯甲酯

【作用】 乙氧酰胺苯甲酯为氨丙啉等抗球虫药的增效剂,多配成复方制剂,而广泛用于临床。乙氧酰胺苯甲酯抗球虫作用及机理与磺胺药和抗菌增效剂相同。

【用途】 乙氧酰胺苯甲酯,对鸡巨型、布氏艾美耳球虫以及其他小肠球虫具有较强的作用,因而弥补了氨丙啉对这些球虫作用不强的缺陷,加之乙氧酰胺苯甲酯对柔嫩艾美耳球虫缺乏活性的缺点,又为氨丙啉的有效活性所补偿,从而奠定了本品不宜单用而多与氨丙啉并用的基础。

【注意】 本品很少单独应用,多与氨丙啉、磺胺喹沙啉等配成预混剂供用。

【用法与用量】 混饲,每 1 000 千克饲料,禽 4～8 克。

【制剂与规格】 预混剂规格可参考饲料药物添加剂项下。

盐酸氨丙啉

【作用】 氨丙啉的化学结构与硫胺类似,是传统使用的抗球虫药,具有较好的抗球虫效应,目前仍广泛用于世界各国。

【用途】 家禽:氨丙啉对鸡柔嫩、堆型艾美耳球虫作用最强,但对毒害、布氏、巨型和缓艾美耳球虫作用稍差。通常治疗浓度并不能全部抑制卵囊产生。因此国内外,多与乙氧酰胺苯甲酯、磺胺喹沙啉等并用,以增强疗效。氨丙啉对机体球虫免疫力的抑制作用不太明显。120 毫克/升饮水浓度能有效地预防和治疗火鸡球虫病。

牛、羊:氨丙啉对犊牛艾美耳球虫;羔羊艾美耳球虫也有良好的预防效果。对羔羊球虫,可按 55 毫克/千克日量,连用 14～19 天。对犊牛球虫病,预防时,按 5 毫克/千克日量,连用 21 天,治疗用 10 毫克/千克日量,连用 5 天。

水貂的等孢球虫病,以 120 毫克/升饮水浓度,连用 30 天,能有效地防止卵囊排出。

【药物相互作用】 由于氨丙啉的结构与硫胺相似,能产生竞争性拮抗作用,如果氨丙啉用药浓度过高,能引起雏鸡硫胺缺乏而表现多发性神经炎,增喂硫胺虽可使鸡群康复,但明显影响氨丙啉抗球虫活性。据称,每千克饲料中硫胺含量超过 10 毫克时,氯丙啉的抗球虫效应即开始减弱。

【注意】 本品性质虽稳定,可与多种维生素、矿物质、抗菌药混合,但在仔鸡饲料中仍缓慢分解,在室温下贮藏 60 天,平均失效 8%,因此,本品仍应现配现用为宜。本品多与乙氧酰胺苯甲酯和磺胺喹沙啉并用,以增强疗效。犊牛、羔羊高剂量连喂 20 天以上,能出现由于硫胺缺乏引起的脑皮质坏死而出现神经症状。产蛋鸡禁用。休药期：肉鸡 7 天，肉牛 1 天。

【用法与用量】　混饲，每 1 000 千克饲料，家禽 125 克。盐酸氨丙啉可溶粉，混饮，每 1 000 升饮水，家禽 600 克。

【制剂与规格】　盐酸氨丙啉可溶性粉 30 克：6 克。盐酸氨丙啉预混剂；盐酸氨丙啉一乙氧酰胺苯甲酯预混剂；盐酸氯丙啉一乙氧酰胺苯甲酯—磺胺喹沙啉预混剂，可参考饲料药物添加剂项下。

氯羟吡啶

【作用】　氯羟吡啶属吡啶类化合物，具有广泛的抗球虫作用。可用于禽、兔球虫病。

【用途】　家禽：氯羟吡啶是我国使用最广泛的抗球虫药，其抗虫谱较广，对鸡的柔嫩、毒害、布氏、巨型、堆型、和缓和早熟艾美耳球虫均有良效。本品对火鸡球虫病，按肉鸡同样浓度喂用亦有极佳预防效果。有试验表明，对离子载体有耐药性的球虫，换用本品仍有良效。

家兔：0.02％混饲能有效地控制家兔暴发球虫病。

【注意】　由于本品对球虫仅有抑制发育作用，加之对免疫力有明显抑制效应，因此，肉鸡必须连续应用而不能贸然停用。由于长期广泛应用，目前，我国多数球虫对氯羟吡啶已明显出现耐药现象，由于本品结构与喹诺啉抗球虫药类似，有可能存在交叉耐药性。因此，养鸡场一旦发现耐药性，除即停止应用外，而且不能换用喹诺啉类抗球虫药，如丁氧喹酯、癸氧喹酯和苄氧喹甲酯等。

产蛋鸡禁用。休药期：肉鸡、火鸡 5 天。

【用法与用量】　混饲，每 1 000 千克饲料，禽 125 克，家兔 200 克。

【制剂与规格】　预混剂规格可参考饲料药物添加剂项下。

磺胺氯吡嗪钠

【作用】　磺胺氯吡嗪钠为磺胺类抗球虫药，多作球虫暴发时短期应用。

【用途】　家禽：磺胺氯吡嗪对家禽球虫的作用特点与磺胺喹

沙啉相似,且具更强的抗菌作用,甚至可治疗禽霍乱及鸡伤寒,因此最适合于球虫病暴发时治疗用。应用磺胺氯吡嗪不影响宿主对球虫免疫力。

其他:本品对兔球虫病也颇有效,用时可按每1 000千克饲料,添加600克磺胺氯吡嗪钠,连喂5～10天。对羔羊球虫病,每千克体重可用3%溶液1.2毫升内服,连用3～5天。

【注意】 本品毒性虽较磺胺喹沙啉低,但长期应用仍会出现磺胺药中毒症状,因此,肉鸡只能按推荐浓度连用3天,最多不得超过5天。鉴于我国多数养殖场,应用磺胺药(如SQ、SM$_2$等)已数十年,球虫对磺胺类药可能已产生耐药性,甚至交叉耐药性,因此,遇有疗效不佳现象,应及时更换药物。产蛋鸡以及16周龄以上鸡群禁用。休药期:火鸡4天,肉鸡1天。

【用法与用量】 磺胺氯吡嗪钠,混饮,每升水,家禽0.3克,连用3天。磺胺氯吡嗪钠可溶粉,混饮,每升水,家禽1克,连用3天。

【制剂与规格】 磺胺氯吡嗪钠可溶粉100克:30克。

海南霉素钠

【作用】 海南霉素属单价糖苷聚醚离子载体抗生素。是我国独创的聚醚类抗球虫药,主要用作肉鸡抗球虫药。

海南霉素的抗球虫作用机理和抗球虫作用尚不太清楚。

【用途】 据国内试验表明,本品对鸡柔嫩、毒害、巨型、堆型、和缓艾美耳球虫都有一定的抗球虫效果,其卵囊值、血便及病变值均优于盐霉素,但增重率明显低于盐霉素。

【注意】 本品是聚醚类抗生素中毒性最大的一种抗球虫药,治疗浓度即明显影响增重。估计对人及其他动物的毒性更大(小鼠LD$_{50}$1.8毫克/千克),用时需密切注重防护,喂药鸡粪切勿加工成饲料,更不能污染水源。限用于肉鸡,产蛋鸡及其他动物禁用。禁与其他抗球虫药物并用。休药期:肉鸡7天。

【用法与用量】 混饲,每1 000千克饲料,肉鸡5～7.5克。

【制剂与规格】 预混剂规格可参考饲料药物添加剂项下。

赛杜霉素钠

【作用】 赛杜霉素属单价糖苷聚醚离子载体半合成抗生素，是最新型的聚醚类抗生素。用于肉鸡球虫病。赛杜霉素的抗球虫机理可参考莫能菌素。赛杜霉素对球虫子孢子以及第一代、第二代无性周期的子孢子，裂殖子均有抑杀作用。

【用途】 赛杜霉素主用于预防肉鸡球虫病，对鸡堆型、巨型、布氏、柔嫩、和缓艾美耳球虫均有良好的抑杀效果。

【注意】 本品主用于肉鸡。产蛋鸡及其他动物禁用本品。休药期：肉鸡5天。

【用法与用量】 混饲，每1 000千克饲料，肉鸡25克。

【制剂与规格】 预混剂规格可参考饲料药物添加剂项下。

马杜霉素铵

【作用】 马杜霉素属单价糖苷聚醚离子载体抗生素。是目前抗球虫作用最强，用药浓度最低的聚醚类抗球虫药，广泛用于肉鸡抗球虫。马杜霉素抗球虫机理同莫能菌素。

【用途】 马杜霉素铵主用于肉鸡球虫病，据试验对鸡巨型、毒害、柔嫩、堆型和布氏艾美耳球虫均有良好抑杀效果，其抗球虫效果优于莫能菌素、盐霉素、甲基盐霉素等抗球虫药。

【注意】 本品毒性较大，除肉鸡外，禁用于其他动物。本品对肉鸡的安全范围较窄，超过6毫克/千克饲料浓度既能明显抑制肉鸡生长率，8毫克/千克饲料浓度喂鸡，又能使部分鸡群脱羽，2倍治疗浓度（10毫克/千克）则引起雏鸡中毒死亡。因此，用药时必须精确计量，并使药料充分拌匀。喂马杜霉素的鸡粪，切不可再加工作动物饲料，否则会引动物中毒死亡。休药期：肉鸡5天。

【用法与用量】 混饲，每1 000千克饲料，肉鸡5克。

【制剂与规格】 预混剂规格可参考饲料药物添加剂项下。

拉沙洛菌素钠

【作用】 拉沙洛菌素属双价聚醚离子载体抗生素，除用于鸡球虫病外，还可用于火鸡、羔羊和犊牛球虫病。

【用途】 拉沙洛菌素钠亦为广谱高效抗球虫药,除对堆型艾美耳球虫作用稍差外,对鸡柔嫩、毒害、巨型和缓艾美耳球虫的抗球虫效果,甚至超过莫能菌素和盐霉素。据人工接种球虫试验表明,75～110毫克/千克饲料浓度,除对肠道病变作用较125毫克/千克饲料浓度稍差外,其增重率及饲料报酬均明显优于后者。

拉沙洛菌素是美国 FDA 准许用于绵羊球虫病的两种药物之一(另一药物为磺胺喹沙啉),每天每头按15～70毫克量喂绵羊能有效地预防绵羊艾美耳球虫,类绵羊艾美耳球虫、小艾美耳球虫和错乱艾美耳球虫感染。此外拉沙洛菌素对水禽、火鸡、犊牛球虫病也有明显效果。拉沙洛菌素另一优点是可以与包括泰牧菌素在内的其他促生长剂并用,而且其增重效应优于单独用药。

【注意】 本品虽较莫能菌素、盐霉素安全,但马族动物仍极敏感应避免接触。应根据球虫感染严重程度和疗效及时调整用药浓度。75毫克/千克药料浓度即能使宿主对球虫的免疫力产生严重抑制,贸然停药常暴发更严重的球虫病。高剂量对潮湿鸡舍雏鸡,能增加热应激反应使死亡率增高。休药期:禽3天。

【用法与用量】 混饲,每1 000千克饲料,禽75～125克,犊牛32.5克,羔羊100克。

【制剂与规格】 预混剂规格可参考饲料药物添加剂项下。

甲基盐霉素

【作用】 即盐霉素,但多一个甲基基团的化学结构,故亦称甲基盐霉素。属单价聚醚离子载体抗生素。甲基盐霉素的抗球虫效应,大致与盐霉素相同。

【用途】 甲基盐霉素对肉鸡的堆型、布氏、巨型、毒害艾美耳球虫的预防效果有明显差异,通常40毫克/千克药料浓度,即对堆型、巨型艾美耳球虫产生良好效果。毒害艾美耳球虫需用60毫克/千克药料浓度才能有效;而布氏艾美耳球虫必须用80毫克/千克药料浓度才能发挥药效。

【药物相互作用】 国外有甲基盐霉素(8%)与尼卡巴嗪(8%)

复方预混剂,虽能降低药量,维持有效的抗球虫效应。但亦提高热应激时肉鸡的死亡率。禁与泰牧菌素并用,否则会使毒性增强。

【注意】 本品毒性比盐霉素更强,对鸡的安全范围较窄,用药时必须精确计量,并应根据用药效果调整用药浓度。马及马族动物对甲基盐霉素极敏感,应禁用。火鸡及其他鸟类亦较敏感而不宜使用。本品限用于肉鸡。本品对鱼类毒性较大,喂药鸡粪及残留药物的用具,不可污染水源。休药期:肉鸡5天。

【用法与用量】 混饲,每1 000千克饲料,肉鸡60~80克。

【制剂与规格】 预混剂规格可参考饲料药物添加剂章节。

盐霉素钠

【作用】 盐霉素属单价聚醚离子载体抗生素。其抗球虫效应大致与莫能菌素相似。亦可用作猪促生长剂,但安全范围较窄,使用受到限制。

【用途】 家禽:盐霉素主用于预防鸡球虫病。其抗虫谱较广,对鸡柔嫩、毒害、堆型、巨型、布氏、和缓艾美耳球虫均有良效。据病变、死亡率、增重率及饲料报酬判定的防治效果,大致与莫能菌素和常山酮相等。此外,对鹌鹑的分散、莱泰艾美耳球虫也极有效。

猪:由于盐霉素对革兰阳性厌氧菌有明显抑制作用,因而对动物有一定的促生长效应。对猪的试验表明,不足4月龄仔猪喂30~60毫克/千克药料,4~6月龄仔猪喂15~30毫克/千克药料,有明显的改善饲料报酬和促生长效应。

【药物相互作用】 盐霉素禁与其他抗球虫药并用,否则增加毒性甚至死亡。

禁与泰牧菌素并用,因能阻止盐霉素代谢而导致体重减轻,甚至死亡。必须应用时,至少应间隔7天。

【注意】 本品毒性比莫能菌素强,80毫克/千克饲料浓度,雏鸡即摄食减少而影响增重。加之本品预混剂规格众多,用药时必须根据有效成分,精确计量以防不测。马及马族动物对盐霉素极敏感,应避免接触;成年火鸡及鸭较敏感亦不宜应用。高剂量(80毫克/千克)盐霉素,使宿主对球虫产生的免疫力有一定抑制作用。产蛋鸡禁用。休药期:禽5天。

【用法与用量】 混饲,每1 000千克饲料,禽60克,鹌鹑50克,猪25～75克。

【制剂与规格】 预混剂规格可参考饲料药物添加剂项下。

莫能菌素钠

【作用】 莫能菌素属单价聚醚离子载体抗生素,是聚醚类抗生素的代表性药物,广泛做鸡球虫药用于世界各国,此外,还制成一种瘤胃素的商品制剂,可促进肉牛生长率。

【用途】 家禽:莫能菌素主用于预防家禽球虫病,其抗虫谱较广,对鸡的堆型、布氏、毒害、柔嫩、巨型和缓艾美耳球虫均有高效。据报道,用药后,其疗效、增重及饲料报酬均优于氨丙啉和氯羟吡啶。此外,亦用于火鸡腺艾美耳球虫和火鸡艾美耳球虫感染,对预防鹌鹑的分散、莱泰艾美耳球虫感染也极有效。

牛、羊:莫能菌素对羔羊雅氏、阿撒地艾美耳球虫很有效,能迅速控制症状和减少死亡率。由于莫能菌素能改善瘤胃消化过程,使瘤胃发酵丙酸增加,肉牛(200毫克/头)羔羊(5.5毫克/千克)连续喂用能使体重分别增加13.7%和9%。

【药物相互作用】 莫能菌素通常不宜与其他抗球虫药并用,因并用后常使毒性增强。

因为泰牧菌素能明显影响莫能菌素的代谢,导致雏鸡体重减轻,甚至中毒死亡,因此,在应用泰牧菌素前、后7天内,不能用莫能菌素。

【注意】 本品毒性较大,而且存在明显的种族差异,对马族动物毒性最大,应禁用;10周以上火鸡、珍珠鸡及鸟类亦较敏感而不宜应用。高剂量(120毫克/千克饲料浓度)莫能菌素对鸡的球虫免疫力有明显抑制效应,但停药后迅即恢复,因此,对肉鸡应连续应用不能间断,对蛋鸡雏鸡以低浓度(90～100毫克/千克饲料浓度)

或短期轮换给药为妥。本品预混剂规格众多,用药时应以莫能菌素含量计算。产蛋鸡禁用,超过 16 周龄鸡禁用。休药期:肉鸡、牛5 天。

【用法与用量】 混饲,每 1 000 千克饲料,禽 100～120 克,仔火鸡 54～90 克,鹌鹑 73 克,肉牛、羔羊 5～30 克。

【制剂与规格】 预混剂规格可参考饲料药物添加剂项下。

尼卡巴嗪

【作用】 尼卡巴嗪为二硝基均二苯脲和羟基二甲基嘧啶复合物。曾广泛用于肉鸡、火鸡球虫病的预防。

【用途】 尼卡巴嗪主用于预防鸡盲肠球虫(柔嫩艾美耳球虫)和堆型、巨型、毒害、布氏艾美耳球虫(小肠球虫)。据试验,感染球虫后 48 小时内用药,能有效地抑制球虫发育,若用药迟过 72 小时,则效果明显降低。尼卡巴嗪推荐剂量对机体球虫免疫力很少或没有影响。此外,对氨丙啉有耐药性的球虫仍然有效。

【注意】 在尼卡巴嗪预防用药过程中,若鸡群大量接触感染性卵囊而暴发球虫病时,应迅速改用更有效的药物(如妥曲珠利、磺胺药等)治疗。由于尼卡巴嗪能使产蛋率、受精率以及蛋品质量下降和棕色蛋壳色泽变浅,故产蛋鸡禁用。由于尼卡巴嗪对雏鸡有潜在的生长抑制效应,不足 5 周龄幼雏以不用为好。酷暑期间,如鸡舍通风降温设备不全,室温超过 40℃时,应用尼卡巴嗪能增加雏鸡死亡率。休药期:肉鸡 4 天。

【用法与用量】 混饲,每 1 000 千克饲料,禽 125 克。

【制剂与规格】 预混剂规格可参考饲料药物添加剂项下。

二硝托胺

【作用】 二硝托胺为硝基苯酰胺化合物,曾广泛用于我国兽医临床,是一种既有预防又有治疗效果的抗球虫药。

【用途】 二硝托胺对鸡毒害、柔嫩、布氏、巨型艾美耳球虫均有良好防治效果,特别是对小肠致病性最强的毒害艾美耳球虫作用最佳,但本品对堆型艾美耳球虫作用稍差。二硝托胺对火鸡小肠球虫病也有极佳防治效果,可连续用药直至16周龄。

家兔如按每千克体重50毫克剂量,1日2次,连用5天,可有效地防止球虫病暴发。二硝托胺不影响机体对球虫的免疫力。

【注意】 据国内研究,二硝托胺粉末颗粒的大小是影响抗球虫作用的主要因素,药用品应为极微细粉末。本品停用5~6天,常致球虫病复发,因此,肉鸡必须连续应用。产蛋鸡禁用。休药期:鸡3天。

【用法与用量】 混饲,每1 000千克饲料,肉鸡125克。

【制剂与规格】 预混剂规格可参考饲料药物添加剂项下。

地克珠利

【作用】 地克珠利属三嗪苯乙腈化合物,为新型、高效、低毒抗球虫药,广泛用于鸡球虫病。

【用途】 家禽:地克珠利对鸡柔嫩、堆型、毒害、布氏、巨型艾美耳球虫作用极佳,用药后除能有效地控制盲肠球虫的发生和死亡外,甚至能使病鸡球虫卵囊全部消失,实为理想的杀球虫药。地克珠利对和缓艾美耳球虫亦有高效。据临床试验表明,地克珠利对球虫的防治效果优于其他常规应用的抗球虫药和莫能菌素等离子载体抗球虫药。

还有试验证明,对氟嘌呤、氯羟吡啶、常山酮、氧苯胍、莫能菌素耐药的柔嫩艾美耳球虫,应用地克珠利仍然有效。1毫克/千克饲料浓度能有效地控制鸭球虫病,其效果甚至超过聚醚类抗生素。地克球利1毫克/千克饲料浓度可有效地防治火鸡腺艾美耳球虫、火鸡艾美耳球虫、孔雀艾美耳球虫和分散艾美耳球虫感染。

家兔:1毫克/千克药料喂家兔,对家兔肝脏球虫和肠球虫具高效。

【注意】 由于本品较易引起球虫的耐药性,甚至交叉耐药性(妥曲珠利),因此,连用不得超过6个月。轮换用药时也不宜应用同类药物,如妥曲珠利。本品作用时间短暂,停药1天后,作用基本消失,因此,肉鸡必须连续用药以防再度爆发。由于用药浓度极低,药料容许变动值为 0.8～1.2 毫克/千克,否则影响疗效。因此,药料必须充分拌匀。地克珠利溶液的饮水液,我国规定的稳定期仅为 4 小时,因此,必须现用现配,否则影响疗效。休药期:肉鸡5 天。

【用法与用量】　混饲,每 1 000 千克饲料,禽 1 克。地克珠利溶液,混饮,每升饮水,禽 0.5～1 毫克(有效成分)。

【制剂与规格】　地克珠利预混剂 100 克:0.2 克;100 克:0.5 克。地克珠利溶液 10 毫升:0.05 克;20 毫升:0.1 克;50 毫升:0.25 克。

妥曲珠利

【作用】　妥曲珠利属三嗪酮:化合物,具有广谱抗球虫活性。广泛用于鸡球虫病。

【用途】　家禽:妥曲珠利主用于家禽球虫病。本品对鸡堆型、布氏、巨型、柔嫩、毒害、和缓艾美耳球虫;火鸡腺艾美耳球虫;火鸡艾美耳球虫以及鹅的鹅艾美耳球虫、截形艾美耳球虫均有良好的抑杀效应。一次内服 7 毫克/千克或以 25 毫克/千克浓度饮水 48 小时,不但有效地防止球虫病,使球虫卵囊全部消失,而且不影响雏鸡生长发育以及对球虫免疫力的产生。

羊:给羔羊一次内服 20 毫克/千克或喂饲 10～15 毫克/千克妥曲珠利药料,能有效地防治羔羊球虫病。

兔 10～15 毫克/千克药料喂饲对家兔肝球虫和肠球虫极为有效。有关资料证实,肉鸡休药期应为 19 天。

【注意】　连续应用易使球虫产生耐药性,甚至存在交叉耐药性(地克珠利),因此,连续应用不得超过 6 个月。为防止稀释后药液减效(进口产品水溶液稳定期不低于 48 小时),国产品以现配现用为宜。

【用法与用量】　混饮,每升饮水,禽 25 毫克。

【制剂与规格】　妥曲珠利溶液 100 毫升:2.5 克;1 000 毫升:25 克;5 000 毫升:125 克。

第六章　常见作用于内脏的药物

一、作用于消化系统的药物

(一)助消化药

乳酶生

【作用】　本品为活乳酸杆菌的干燥制剂,每克乳酶生中含活的乳酸杆菌数在一千万个以上。内服进入肠内后,能分解糖类产生乳酸,使肠内酸度增高,从而抑制腐败性细菌的繁殖,并可防止蛋白质发酵,减少肠内产气。

【用途】　临床主要用于防治消化不良、肠内膨气和幼畜腹泻等。

【注意】　由于本品为活乳酸杆菌,故不宜与抗菌药物、吸附剂、酊剂、鞣酸等配合使用,以防失效。应在饲喂前服药。

【用法与用量】　内服,一次量,驹、犊 10～30 克,羊、猪 2～4 克,犬 0.3～0.5 克,禽 0.5～1 克。

【制剂与规格】　乳酶生片 0.3 克。

干酵母

本品为酵母科几种酵母菌的干燥菌体,含蛋白质不少于 44.0%。

【作用】　本品富含 B 族维生素,每克酵母含硫胺 0.1～0.2 毫克、核黄素 0.04～0.06 毫克、烟酸 0.03～0.06 毫克,此外,还含有维生素 B_6、维生素 B_{12}、叶酸、肌醇以及转化酶、麦芽糖酶等。它们均是体内酶系统的重要组成物质,参与体内糖、蛋白质、脂肪等代谢过程和生物氧化过程。

【用途】 临床用于动物的食欲不振,消化不良以及维生素 B 族缺乏症,如多发性神经炎、酮血病等。

【注意】 用量过大会发生轻度下泻。密封干燥处保存。

【用法与用量】 内服量,一次量,马、牛 30～100 克,羊、猪 5～10 克。

【制剂与规格】 干酵母片 0.3 克;0.5 克。

胰酶

【作用】 本品是从猪、牛、羊的胰腺中提取的含有胰蛋白酶、胰淀粉酶及胰脂肪酶等多种酶的混合物,内服后它们能分别消化蛋白质、淀粉和脂肪等。其助消化的作用在中性或弱碱性环境中最强,为减少酸性胃液对它的破坏,常与碳酸氢钠配伍应用。

【用途】 临床用于胰机能障碍,如胰腺疾病或胰液分泌不足所引起的消化不良。

【注意】 本品遇热、酸、强碱、重金属盐等易失效。

【用法与用量】 内服,一次量,猪 0.5～1 克,犬 0.2～0.5 克。

【制剂与规格】 胰酶片 0.3 克;0.5 克。

胃蛋白酶

本品是从健康猪、牛、羊的胃黏膜中提取的胃蛋白酶。每克中含蛋白酶活力不得少于 3 800 单位。

【作用】 本品是由动物的胃黏膜制得的一种蛋白质分解酶,内服后可使蛋白质初步分解为蛋白胨,有利于动物的进一步分解吸收。但不能进一步分解为氨基酸。在 0.1%～0.5% 盐酸的酸性环境中作用强,pH 为 1.8 时其活性最强。一般 1 克胃蛋白酶能完全消化 2 000 克凝固卵蛋白。当胃液不足,消化不良时,胃内盐酸也常不足,为充分发挥胃蛋白酶的消化作用,在用药时应灌服稀盐酸。

【用途】 临床常用于胃液分泌不足或幼畜因胃蛋白酶缺乏引起的消化不良。

【注意】 忌与碱性药物配合使用,温度超过 70℃ 时迅速失效,遇鞣酸、重金属盐产生沉淀,有效期1年。用前先将稀盐酸加水50倍稀释,再加入胃蛋白酶片,于饲喂前灌服。

【用法与用量】 内服,一次量,马、牛4 000～8 000单位,羊、猪800～1 600单位,驹、犊1 600～4 000单位,犬80～800单位,猫80～240单位。

【制剂与规格】 胃蛋白酶片0.5克;1.0克。

稀盐酸

【作用】 盐酸是胃液的主要成分之一,正常由胃底腺的壁细胞分泌,草食动物(牛)的胃内盐酸浓度平均为0.12%～0.38%,猪胃液中为0.3%～0.4%,肉食动物的胃内盐酸浓度更高。消化过程中盐酸的作用是多方面的,适当浓度的盐酸 n-T 激活胃蛋白酶原,使其转变成有活性的胃蛋白酶,并以酸性环境使胃蛋白酶发挥其消化蛋白作用。酸性食糜可刺激十二指肠产生胰分泌素,反射性地引起胃液、胆汁和胰液的分泌。此外,酸性环境能抑制胃肠内细菌的生长与繁殖以制止异常发酵,并可影响幽门括约肌的紧张度。消化道中的盐酸亦有利于钙、铁等矿物质营养的溶解和吸收。

【用途】 临床常用于因胃酸不足或缺乏引起的消化不良,饮食不振,胃内异常发酵,以及马属动物急性胃扩张、碱中毒等。

【注意】 禁与碱类、盐类健胃药、有机酸、洋地黄及其制剂配合,使用前加50倍水稀释成0.2%的溶液。用药浓度和用量不可过大,否则因食糜酸度过高,反射性引起幽门括约肌痉挛,影响胃的排空而产生腹痛。

【用法与用量】 内服,一次量,马10～20毫升,牛15～30毫升羊2～5毫升,猪1～2毫升,犬0.1～0.5毫升。

稀醋酸

【作用】 本品内服后的作用与稀盐酸基本相同,有防腐、制酵和助消化作用。由于醋酸的局部防腐和刺激作用较强,外用对扭伤和挫伤有一定的效果。2%～3%的稀释液可冲洗口腔,治疗口腔炎,0.1%～0.5%的稀释液冲洗阴道治疗阴道滴虫病等。

【用途】　临床多用于治疗幼畜的消化不良,反刍动物的瘤胃臌气、前胃弛缓和马属动物的急性胃扩张等。

【注意】　用前加水稀释成 0.5% 左右浓度。

【用法与用量】　内服,一次量,马、牛 10~40 毫升,羊、猪 2~10 毫升,犬 1~2 毫升。

(二)健胃药

1. 芳香健胃药

小茴香

小茴香为伞形科植物茴香的干燥成熟果实。含挥发油 3%~8%,其主要有效成分为茴香醚、右旋小茴香酮。

【作用】　本品对胃肠黏膜有温和的刺激作用,能增强消化液的分泌,促进胃肠蠕动,减轻胃肠臌气,起健胃祛风作用。配合氯化铵使用,可增强氯化铵的祛痰功效。

【用途】　临床作健胃药,用于治疗消化不良,积食,胃肠臌气等。与氯化铵合用可用于祛除浓痰,制止干咳。

【用法与用量】　内服,一次量,马、牛 15~60 克,羊、猪 5~10克,犬、猫 1~3 克。小茴香酊:内服,一次量,马、牛 40~100 毫升,羊、猪 15~30 毫升。

【制剂与规格】　小茴香酊:由 20 克小茴香末和适量 60% 乙醇;制成的酊剂。

干姜

干姜为姜科植物姜的根茎的干燥物。内含有挥发油、姜辣素、姜酮、姜烯酮等有效成分。

【作用】　本品经内服后能明显刺激消化道黏膜,促进消化液的分泌,使食欲增加,并能抑制胃肠道异常发酵和促进气体排出,因此具有较强的健胃祛风作用。

此外,本品具有反射性兴奋中枢神经的作用,能使延髓中的呼吸小枢和血管运动中枢兴奋,促进和改善血液循环,增加发汗。

【用途】　临床用于机体虚弱,消化不良,食欲不振,胃肠气胀等。

【注意】 干姜对消化道黏膜有强烈的刺激性,使用其制剂时应加水稀释后服用,以减少对黏膜的刺激。孕畜禁用,以免引起流产。

【用法与用量】 内服,一次量,马、牛 15～30 克,羊、猪 3～10 克,犬、猫 1～3 克。姜流浸膏:内服,一次量,马、牛 5～10 毫升,羊、猪 1.5～6 毫升。姜酊:内服,一次量,马、牛 40～60 毫升,犬 2～5 毫升。

【制剂与规格】 姜流浸膏:由干姜 1 000 克加适量 90％乙醇浸制而成。棕色液体,有姜的香气,味辣。姜酊:由姜流浸膏 200 毫升和 90％乙醇 1 000 毫升制成。

肉桂(桂皮)

肉桂为樟科植物肉桂的干燥树皮。含有 1％～2％挥发性桂皮油及鞣酸、黏液质、树脂等,挥发油中有效成分以桂皮醛为主。

【作用】 本品性热而味辛甘。桂皮中的有效成分对胃肠有缓和的刺激作用,能增强消化机能,消除消化道内的积气,缓解胃肠痉挛性疼痛。此外,具有中枢和末梢性扩张血管的作用,改善血液循环。

【用途】 临床用于治疗风寒感冒,消化不良,胃肠臌气,产后虚弱,四肢厥冷等。

【注意】 出血性疾病及妊娠动物慎用,以免引起流产。

【用法与用量】 内服,一次量,马、牛 15～30 克,羊、猪 3～9 克。肉桂酊:内服,一次量,马、牛 30～100 毫升,羊、猫 10～20 毫升。

【制剂与规格】 肉桂酊:由桂皮末 200 克,加 70％酒精 1 000 毫升浸制而成。

2. 苦味健胃药

大黄

大黄为蓼科植物掌叶大黄或唐古特大黄的干燥根或根茎。主要有效成分为大黄素、大黄酚等。

【作用】 本品的药理作用与其所含的有效活性成分密切相关。内服小剂量大黄时，主要发挥其苦味健胃作用，刺激口腔味觉感受器，通过迷走神经的反射，使唾液和胃液分泌增加，从而提高食欲，加强消化；中剂量大黄则以鞣酸的收敛作用为主，内服时因分解出的大黄鞣酸而呈收敛止泻作用；大剂量时以大黄素起主要作用，内服分解出的大黄素和大黄酸能刺激肠黏膜和大肠壁，使肠道蠕动增强而引起泻下。大黄素和大黄酸具有明显的抗菌作用，对胃肠道内某些细菌如大肠杆菌、痢疾杆菌等都有抑制作用。

此外，大黄还有利胆、利尿、增加血小板、降低胆固醇等作用，大黄末与陈石灰配合作外用时，有促进伤口愈合的作用。

【用途】 临床常用作健胃药和泻药，如用于食欲不振、消化不良。

【用法与用量】 大黄末：内服，一次量，健胃，马 10～25 克，牛 20～40 克，羊 2～4 克，猪 1～5 克，犬 0.5～2 克；致泻马、牛 100～150 克，驹、犊 10～30 克，仔猪 2～5 克，犬 2～4 克。大黄流浸膏：内服，一次量，健胃，马 10～25 毫升，牛 20～40 毫升，羊 2～10 毫升，猪 1～5 毫升，犬 0.5～2 毫升；致泻，驹、犊 10～30 毫升，仔猪 2～5 毫升，犬 2～4 毫升。复方大黄酊：内吸，一次量，牛 30～100 毫升，羊、猪 10～20 毫升，犬、猫 1～4 毫升。

【制剂与规格】 大黄流浸膏：由大黄 1 000 克加 60％乙醇适量浸制而成，棕色液体，味苦而涩。复方大黄酊由大黄 100 克，橙皮 20 克，豆蔻 20 克，加 60％乙醇浸制而成。

龙胆

龙胆为龙胆科植物龙胆或三花龙胆的干燥根茎和根，其主要有效成分为龙胆苦苷、龙胆糖、龙胆碱等。

【作用】 本品性寒味苦，强烈的苦味能刺激口腔内舌的味觉感受器，通过迷走神经反射性地兴奋食物中枢，使唾液、胃液的分泌增加以及游离盐酸也相应增多，从而加强消化和提高食欲。一般与其他药物配成复方,经口灌服。本品对胃肠黏膜无直接刺激作用,亦无明显的吸收作用。

【用途】 引临床主要用于治疗动物的食欲不振,消化不良或某些热性病的恢复期等。

【用法与用量】 龙胆末:内服,一次量,马、牛 15～45 克,羊、猪 6～15 克,犬 1～5 克,猫 0.5～1 克。龙胆酊:内服,一次量,马、牛 50～100 毫升,羊 5～15 毫升,猪 3～8 毫升,犬、猫 1～3 毫升。复方龙胆酊(苦味酊):内服,一次量,马、牛 50～100 毫升,羊、猪 5～20 毫升,犬、猫 1～4 毫升。

【制剂与规格】 龙胆酊:由龙胆末 100 克,加 40% 乙醇 1 000 毫升浸制而成。复方龙胆酊(苦味酊)由龙胆 100 克、橙皮 40 克、草豆蔻 10 克,加 60% 乙醇适量浸制成 1 000 毫升。

马钱子(番木鳖)

马钱子为马钱科植物云南马钱的干燥成熟种子,冬季采集成熟果实,取出种子晒干而成,其最主要有效成分为士的宁,其次为马钱子碱,还有微量的番木鳖次碱、伪番木鳖碱、伪马钱子碱等。

【作用】 本品小剂量经口内服时,主要发挥其苦味健胃作用,加强消化和提高食欲,对胃肠平滑肌也有一定的兴奋作用。其中所含士的宁有效成分在小肠中很容易被吸收,当用量稍大时可出现吸收作用,引起中枢兴奋,表现为兴奋脊髓,加强骨骼肌的收缩,中毒时引起骨骼肌的强直痉挛等。

【用途】 临床作健胃药和中枢兴奋药时,用于治疗家畜的食欲不振,消化不良,前胃弛缓,瘤胃积食等。促进胃肠机能活动。

【注意】 本品所含的士的宁易被吸收,引起中枢兴奋,毒性较大,不宜生用,不宜多服久服,应用时严格控制剂量,连续用药不得超过 1 周,以免发生蓄积中毒。孕畜禁用。

【用法与用量】 马钱子粉末:内服,一次量,马、牛 1.5～6 克,羊、猪 0.3～1.2 克。马钱子流浸膏:内服,一次量,马 1～2 毫升,牛 1～3 毫升,羊、猪 0.1～0.25 毫升,犬 0.01～0.06 毫升。马钱子酊:内服,一次量,马、牛 10～30 毫升,羊、猪 1～2.5 毫升,犬、猫 0.1～0.6 毫升。

【制剂与规格】　马钱子流浸膏:由马钱子 1 000 克加乙醇适量浸制而成,棕色液体,味极苦。马钱子酊:由马钱子流浸膏 83.4 毫升加 45％乙醇稀释至 1 000 毫升制成。

3. 盐类健胃药

氯化钠

【作用】　本品小剂量内服时,由于对消化道黏膜产生一定的刺激作用,可反射性地增加消化液的分泌和促进胃肠的蠕动,从而产生健胃作用。在正常饲养管理条件下,饲料中应添加适量的氯化钠,以提高动物的食欲和防止发生某些消化道疾病。

当内服大量的浓氯化钠溶液(5％)时,因其容积性和渗压性刺激作用,能促进肠内内容物的移动加速而引起下泻作用。但由于副作用多,甚至引起中毒,而临床上不用。

10％高渗氯化钠溶液静脉注射时,可促进胃肠分泌与运动,增强消化机能和改善心血管活动。

【用途】　临床用于食欲不振,消化不良以及早期大肠便秘等。

【注意】　本品毒性虽然较小,但动物中以猪和家禽较敏感,易发生中毒。

【用法与用量】　内服,一次量,马 10～25 克,牛 20～50 克,羊 5～10 克,猪 2～5 克。

人工盐

本品由干燥硫酸钠 44％、碳酸氢钠 36％、氯化钠 18％和硫酸钾 2％混合制成。

【作用】　本品具有多种盐类的综合作用。内服少量时,能轻度刺激消化道黏膜,促进胃肠的分泌和蠕动,从而产生健胃作用。小剂量还有利胆作用,可用于胆道炎、肝炎的辅助治疗。内服大量时,其中的主要成分硫酸钠在肠道中可解离出钠离子和不易被吸收的硫酸根离子,由于渗透压作用,使肠管中保持大量水分,并刺激肠壁增强蠕动,软化粪便而引起缓泻作用。

【用途】 临床用于消化不良、胃肠弛缓、慢性胃肠卡他、早期大肠便秘等。

【注意】 因本品为弱碱性类药物,禁与酸类健胃药配合使用。内服作泻剂应用时宜大量饮水。

【用法与用量】 内服,一次量,健胃,马 50～100 克,牛 50～150 克,羊、猪 10～30 克,兔 1～2 克;缓泻,马、牛 200～400 克,羊、猪 50～100 克,兔 4～6 克。

碳酸氢钠(小苏打)

【作用】 本品为弱碱性盐,其主要作用是中和胃酸,本品还是血液中的主要缓冲物质。

本品内服后,能迅速中和胃酸,作用时间短。由于中和胃酸时产生的二氧化碳气体能刺激胃壁,可反射性地促进胃液的分泌。同时因胃中盐酸被中和,胃内容物的 pH 值升高,又能刺激胃幽门部分分泌促胃泌素,促进胃液的分泌,从而产生健胃作用。此外,当胃内容物在短时间内变成碱性,可以缓解因胃酸过多所引起的幽门括约肌痉挛,有利于胃的排空。碳酸氢钠还能溶解黏液,调节胃肠机能活动而改善消化。

本品内服后亦可从小肠吸收,从而产生吸收作用。当以 3%～5% 溶液静脉注射时,可增高血液的碱储,降低血液中氧离子的浓度,临床用于治疗酸中毒。体内过多的碱经尿排出时,可使尿液碱化。从而预防某些药物,如磺胺类药物在尿中析出结晶引起中毒。

【用途】 临床作酸碱平衡药,用于健胃、胃肠卡他、酸血症和碱化尿液等。

【注意】 本品为弱碱性药物,禁止与酸性药物混合应用。在中和胃酸后,可继发性引起胃酸过多,因此,一般认为碳酸氢钠不是一个良好的制酸药。

【用法与用量】 内服,一次量,马 15～60 克,牛 30～100 克,羊 5～10 克,猪 2～5 克,犬 0.5～2 克。

【制剂与规格】 碳酸氢钠片 0.3 克;0.5 克。

(三)瘤胃兴奋药

甲硫酸新斯的明

【作用】 本品为抗胆碱酯酶类药,可逆性地抑制胆碱酯酶,对胃肠和膀胱平滑肌的作用强,能增强胃肠平滑肌的活动,促进蠕动和分泌,加强瘤胃反刍。此外,对骨骼肌的运动终板 N 受体有直接作用,促进运动神经末梢释放乙酰胆碱,从而加强骨骼肌的收缩。

【用途】 临床主要用于胃肠弛缓,轻度便秘,子宫收缩无力,子宫蓄脓,胎衣不下以及重症肌无力和尿潴留等。

【注意】 机械性肠道梗阻患畜及孕畜禁用。发生中毒时,可用阿托品解救。

【用法与用量】 肌肉、皮下注射,一次量,马 4~10 毫克,牛 4~20 毫克,羊、猪 2~5 毫克,犬 0.25~1 毫克。

【制剂与规格】 甲硫酸新斯的明注射液 1 毫升:0.5 毫克;2 毫升:1 毫克;10 毫升:10 毫克。

氨甲酰甲胆碱

【药理】 本品属拟胆碱药,能直接作用于胆碱受体,出现胆碱能神经兴奋的效应,治疗剂量对胃肠平滑肌的兴奋作用较强,可提高胃肠平滑肌的张力。促进蠕动和分泌,加强瘤胃的反刍活动。同时对子宫、膀胱平滑肌的作用也较强。但大剂量可导致消化道平滑肌痉挛性收缩,产生腹痛。

【用途】 临床主要用于反刍动物的前胃弛缓,瘤胃积食,膀胱积尿,胎衣不下和子宫蓄脓等。

【注意】 因本品作用强烈而选择性较差,肠道完全阻塞、顽固性便秘、创伤性网胃炎及孕畜禁用。发生中毒时,可用阿托品解救。

【用法与用量】 皮下注射,一次量,每 100 千克体重,家畜 5~8 毫克。

【制剂与规格】 氨甲酰甲胆碱注射液 1 毫升:5 毫克。

浓氯化钠注射液

【作用】 本品为氯化钠的高渗灭菌水溶液,静脉注射后能短暂抑制胆碱酯酶活性,出现胆碱能神经兴奋的效应,可提高瘤胃的运动。血中高氯离子(Cl^-)和高钠离子(Na^+)能反射性兴奋迷走神经,使胃肠平滑肌兴奋,蠕动加强,消化液分泌增多。尤其在瘤胃机能较弱时,作用更加显著。本品一般用药后 2～4 小时作用最强。

【用途】 临床用于反刍动物前胃弛缓、瘤胃积食,马属动物胃扩张和便秘疝等。

【注意】 静脉注射时不能稀释,静脉注射速度宜慢,不可漏至血管外。心力衰竭和肾功能不全患畜慎用。

【用法与用量】 静脉注射,一次量,每千克体重,家畜 1 毫升。

【制剂与规格】 浓氯化钠注射液 50 毫升：5 克;250 毫升：25 克。

酒石酸锑钾

【作用】 本品内服后在胃内经水解而释放出锑离子,强烈地刺激真胃和十二指肠黏膜,反射性地兴奋瘤胃运动,加强反刍。内服后需经 1 小时左右才可产生增强瘤胃蠕动和兴奋反刍的作用。此外,可引起支气管腺体分泌增加,使痰液稀释,增强纤毛运动而呈现祛痰作用。静脉注射时有抗血吸虫作用。现因本品的毒性较大,较少在临床上使用。

【用途】 临床主要用于瘤胃弛缓、反刍无力等症状。

【注意】 禁用于胃肠炎病畜。当瘤胃蠕动停止时,由于药物不易到达真胃或十二指肠,因而不能产生药效。用量不可过大,否则因对真胃和十二指肠黏膜刺激过强,会反射性地抑制瘤胃运动而加重病情。用时加水配成 3%～5% 溶液灌服。

【用法与用量】 内服,一次量,牛 4～6 克,羊 1～3 克。

(四)制酵药

二甲硅油

【作用】 本品的表面张力低,内服后能迅速降低瘤胃内泡沫液膜的表面张力,使小泡沫破裂而成为大泡沫。产生消除泡沫作用。本品消沫作用迅速,用药后 5 分钟内产生效果,15～30 分钟作用最强。治疗效果可靠、作用迅速,几乎没有毒性。

【用途】　临床主要用于治疗反刍动物的瘤胃臌胀,特别是泡沫性臌气等。

【注意】　用时配成 2％～5％乙醇或煤油溶液,通过胃管灌服。灌服前后宜注入少量温水以减少刺激。

【用法与用量】　内服,一次量,牛 3～5 克,羊 1～2 克。

【制剂与规格】　二甲硅油片 25 毫克;50 毫克。

松节油

【作用】　本品内服后在瘤胃中比胃内液体表面张力低得多,能有效地降低泡沫性气泡的表面张力,可使泡沫破裂,进一步融合成大气泡使游离气体随嗳气排出体外而起消沫作用。此外,本品还可轻度刺激消化道黏膜和具有抑菌作用,能促进胃肠蠕动和分泌,具有祛风和制酵作用。

【用途】　临床主要用于治疗反刍动物的瘤胃泡沫性膨胀、瘤胃积食,马属动物的胃肠臌气、胃肠弛缓等。

【注意】　本品刺激性强,禁用于急性胃肠炎、肾炎等病畜。宰前动物、泌乳动物禁用。马、犬对松节油极敏感,易发泡,应慎用。临用时加 3～4 倍植物油稀释灌服。

【用法与用量】　内服,一次量,牛 20～60 毫升,猪、羊 3～10 毫升。

芳香氨醑

本品由碳酸铵 30 克、浓氨水溶液 60 毫升、柠檬油 5 毫升、八角茴香油 3 毫升、90％乙醇 750 毫升,加水至 1 000 毫升混合而成。

【作用】　本品中所含成分氨、乙醇、茴香油等均有抑菌作用,对局部组织亦有刺激作用。内服后可制止发酵和促进胃肠蠕动,有利于气体的排出。同时由于刺激胃肠道,增加消化液的分泌,可改善消化机能。

【用途】 临床用于消化不良、瘤胃臌胀、急性肠臌气等。

【用法与用量】 内服,一次量,马、牛 30～60 毫升,羊、猪 3～8 毫升,犬 0.6～4 毫升。

鱼石脂

【作用】 本品有较弱的抑菌作用和温和的刺激作用,内服能制止发酵、祛风和防腐,促进胃肠蠕动。外用时具有局部消炎作用。

【用途】 临床用于胃肠道制酵,治疗瘤胃膨胀、前胃弛缓、胃肠臌气、急性胃扩张以及大肠便秘等。

【注意】 临用时先加 2 倍量乙醇溶解后再用水稀释成3％～5％的溶液灌服。禁与酸性药物如稀盐酸、乳酸等混合使用。

【用法与用量】 内服,一次量,马、牛 10～30 克,羊、猪 1～5 克。

【制剂与规格】 鱼石脂软膏由鱼石脂与凡士林按 1∶1 比例混合而成,仅供外用。

(五) 泻药

1. 容积性泻药

硫酸镁

【作用】 本品的致泻作用与硫酸钠相同。此外,镁盐还可刺激十二指肠分泌胰胆囊收缩素,能促进胰腺分泌,增强肠蠕动。

【用途】 临床上小剂量内服可健胃,用于消化不良,常配合其他健胃药使用。大剂量用于大肠便秘,排除肠内毒物、毒素,或驱虫药的辅助用药。

【注意】 用时加水稀释成6％～8％溶液灌服。本品比硫酸钠应用较少的原因,可能在某些情况下(如机体脱水、肠炎等)镁离子吸收增多会产生毒副作用。中毒时表现为呼吸浅表、肌腱反射消失,应迅速静脉注射氯化钙进行解救。对镁离子中毒引起的骨骼肌松弛,可用新斯的明拮抗。

【用法与用量】 内服,一次量,马 200～500 克,牛 300～800

克,羊 50～100 克,猪 25～50 克,犬 10～20 克,猫 2～5 克。

干燥硫酸钠

【作用】　本品小剂量内服可轻度刺激消化道黏膜,促进胃肠分泌和蠕动,产生健胃作用。大剂量内服时在肠道中解离出钠离子和硫酸根离子,不易被肠壁吸收,由于渗透压作用,可使肠管中保持大量水分(据试验,480 克硫酸钠约可保持 15 升水),软化粪便,并刺激肠壁增强其蠕动,而产生泻下作用。一般单胃动物(马、猪等)经 3～8 小时,反刍动物(牛、羊)经 18 小时才能排便。

【用途】　临床上小剂量内服可健胃,用于消化不良,常配合其他健胃药使用。大剂量用于大肠便秘,排除肠内毒物、毒素或驱虫药的辅助用药。

【注意】　用时加水稀释成 3%～4%溶液灌服。浓度过高的盐类溶液进入十二指肠后,会反射性地引起幽门括约肌痉挛,妨碍胃内容物的排空,有时甚至能引起肠炎。

【用法与用量】　内服,一次量,马 100～300 克,牛 200～500克,羊 20～50 克,猪 10～25 克,犬 5～10 克。

2. 润滑性泻药

液状石蜡

【作用】　本品内服后,在消化道中不被代谢和吸收,大部分以原形通过全部肠管,产生润滑肠道和保护肠黏膜的作用,亦可阻碍肠内水分被重吸收而软化粪便,本品作用缓和而安全。

【用途】　临床可用于小肠阻塞、瘤胃积食及便秘或用于猫预防"毛球"的形成。本品可用于孕畜和患肠炎病畜。

【注意】　虽然本品作用温和,但亦不宜反复使用,以免影响消化及阻碍脂溶性维生素及钙、磷的吸收等。

【用法与用量】　内服,一次量,马、牛 500～1500 毫升,驹、犊60～120 毫升,羊 100～300 毫升,猪 50～100 毫升,犬 10～30 毫升,猫 5～10 毫升。

3. 刺激性泻药

蓖麻油

【作用】 本品本身无刺激性,只有润滑性,内服到达十二指肠后,部分经胰脂肪酶作用,皂化分解为蓖麻油酸和甘油,蓖麻油酸在小肠内很快变成蓖麻油酸钠,刺激小肠黏膜,促进小肠蠕动而致泻。其他未被皂化分解的蓖麻油对肠道起润滑作用,有助于粪便的排泄。由于蓖麻油酸钠能被小肠吸收,故不能作用于大肠,吸收后的一部分可经乳汁排出。

【用途】 临床多用于小家畜的小肠便秘,对大肠的致泻作用较小。对大家畜特别是牛的泻下效果不确实。

【注意】 本品忌用于孕畜、患肠炎家畜。由于多数驱虫药尤其是脂溶性驱虫药能溶于油,所以使用驱虫药后不能用蓖麻油等泻药,以免增进吸收而中毒。由于蓖麻油内服后易黏附于肠黏膜表面,影响消化机能,故不可长期使用。

【用法与用量】 内服,一次量,马 250～400 毫升,牛 300～600 毫升,驹、犊 30～80 毫升,羊、猪 50～150 毫升,犬 10～30 毫升,猫 4～10 毫升,兔 5～10 毫升。

(六) 止泻药

1. 吸附性止泻药

白陶土

【作用】 本品具有一定的吸附作用,但较药用炭差。本品同时还有收敛作用。

【用途】 临床主要用于治疗幼畜的腹泻病。

【用法与用量】 内服,一次量,马、牛 50～150 克,羊、猪 10～30 克,犬 1～5 克。

药用炭

【作用】 本品颗粒细小,分子间空隙多,表面积大,具有广泛而强的吸附力,1 克药用炭具有 500～800 平方米表面积,可吸附大量气体、化学物质和毒素。内服到达肠道后,能与肠,道中有害物质结合,如细菌、发酵物等,阻止其吸收,从而能减轻肠道内容物对肠壁的刺激,使蠕动减弱,呈现止泻作用。

【用途】　临床主要用于治疗腹泻、肠炎、胃肠臌气和排除毒物(如生物碱等中毒)。

【注意】　本品能吸附其他药物和影响消化酶活性。在用于吸附生物碱和重金属等毒物时必须以盐类泻药促其迅速排出。对于同一病例不宜反复使用,以免影响动物的食欲、消化以及营养物质的吸收等。使用时加水制成混悬液灌服。

【用法与用量】　内服,一次量,马 20~150 克,牛 20~200 克,羊 5~50 克,猪 3~10 克,犬 0.3~2 克。

【制剂与规格】　药用碳片 0.15 克;0.3 克;0.5 克。

2. 保护性止泻药

鞣酸蛋白

【作用】　本品自身无活性,内服后在胃内不发生变化,亦不起收敛作用,但到达肠内后遇碱性肠液则逐渐分解成鞣酸及蛋白,鞣酸与肠内的黏液蛋白生成薄膜产生收敛而呈止泻作用。肠炎和腹泻时肠道内生成的鞣酸蛋白薄膜对炎症部位起消炎、止血及制止分泌作用。

【用途】　临床主要用于非细菌性腹泻和急性肠炎等。

【注意】　在细菌性肠炎时,应先用抗菌药物控制感染后再用本品。猫对本品较敏感,应慎用。

【用法与用量】　内服,一次量,马、牛 10~20 克,猪、羊 2~5 克,犬 0.2~2 克。

【制剂与规格】　鞣酸蛋白片 0.25 克;0.5 克。

鞣酸

【作用】　本品是一种蛋白质沉淀剂,能与蛋白质结合生成鞣酸蛋白,形成一层薄膜,故有收敛和保护作用。内服后主要在胃内发挥作用。鞣酸与胃内黏液蛋白质结合,形成鞣酸蛋白性薄膜而覆盖在胃黏膜上。腹泻、肠炎时,该鞣酸蛋白性薄膜呈现收敛性止泻、消炎、止血和制止分泌作用。鞣酸还能沉淀金属盐及生物碱，可作为解毒药使用。

【用途】　临床主要用于非细菌性腹泻和肠炎的止泻。在某些毒物(如铅、银、铜、士的宁、洋地黄等)中毒时，可用鞣酸溶液，(1%～2%)洗胃或灌服，以沉淀胃肠道中未被吸收的毒物，但沉淀物结合不牢固，解毒后必须及时使用盐类泻药以加速排出。

【注意】　鞣酸吸收后对肝脏有毒性。

【用法与用量】　内服，一次量，马、牛10～20克，羊2～5克，猪1～2克，犬0.2～2克。

碱式碳酸铋

【作用】　同碱式硝酸铋。

【用途】　临床常用于胃肠炎和腹泻症。

【用法与用量】　内服，一次量，马、牛15～30克，羊、猪、驹、犊2～4克，犬0.3～2克。

【制剂与规格】　碱式碳酸铋片0.3克；0.5克。

碱式硝酸铋

【作用】　由于本品不溶于水，内服后大部分可在肠黏膜上与蛋白质结合成难溶的蛋白盐，形成一层薄膜以保护肠壁，减少有害物质的刺激。同时，在肠道中还可以与硫化氢结合，形成不溶性的硫化铋；覆盖在肠黏膜表面也呈现机械性保护作用，也减少了硫化氢对肠道的刺激反应，使肠道蠕动减慢，出现止泻作用。此外，本品能少量缓慢地释放出铋离子，铋离子与细菌或组织表面的蛋白质结合，故具有抑制细菌的生长繁殖和防腐消炎作用。

【用途】　临床常用于胃肠炎和腹泻症。

【注意】　在治疗肠炎和腹泻时，可能因肠道中细菌，如大肠杆菌等可将硝酸离子还原成亚硝酸而中毒，目前多改用碱式碳酸铋。

【用法与用量】　内服，一次量，马、牛15～30克，羊、猪、驹、犊2～4克，犬0.3～2克。

【制剂与规格】　碱式硝酸铋片0.3克。

3. 抑制肠蠕动性止泻药

复方樟脑酊

【作用】　本品主要通过阿片酊中含有的吗啡而产生止泻作用。内服后能抑制胃肠平滑肌蠕动,延缓肠道内容物的排出而呈现止泻作用。此外,本品中的阿片酊能通过抑制咳嗽中枢而产生镇咳作用,樟脑和八角茴香油亦有祛痰、镇咳作用。

【用途】　临床主要用于治疗腹泻、腹痛以及咳嗽等。

【注意】　本品在家畜出现腹胀时不宜使用。

【用法与用量】　内服,一次量,马、牛 20～50 毫升,羊、猪 5～10 毫升,犬 3～5 毫升。

颠茄酊

【作用】　本品主要有效成分为莨菪碱,为 M-胆碱受体的阻断药,其外周作用与阿托品相似,能抑制乙酰胆碱的 M 一样作用,致使胃肠平滑肌松弛,分泌减少,而呈现止泻或便秘作用。

【用途】　临床主要用于缓解各种动物的胃肠平滑肌痉挛和止泻。

【用法与用量】　内服,一次量,马 10～30 毫升,牛 20～40 毫升,羊 2～5 毫升,猪 1～3 毫升,犬 0.2～1 毫升。

盐酸地芬诺酯

【性状】　本品为白色或几乎白色的粉末或结晶性粉末,无臭。本品在氯仿中易溶,在甲醇中溶解,在乙醇或丙酮中略溶,在水或乙醚中几乎不溶。

【作用】　本品为阿片类似物,属非特异性的抗腹泻药。内服后易被胃肠道吸收,能增加肠张力,抑制或减弱胃肠道蠕动的向前推动作用,收敛而减少胃肠道的分泌,从而迅速控制腹泻。

【用途】　本品为控制急性腹泻的有效药物,主要用于犬、猫的急性初慢性功能性腹泻的对症治疗。如与抗菌药物合用可治疗细菌性腹泻。

【注意】　不宜用于细菌毒素引起的腹泻,否则因毒素在肠中停留时间过长反而会加重腹泻。用于猫时可能会引起咖啡样兴奋,犬则表现镇静。

【用法与用量】 内服,一次量,每千克体重,犬 0.1～0.2 毫克,猫 50～100 毫克;复方盐酸地芬诺酯片,一次量,犬 1 片。

【制剂与规格】 复方盐酸地芬诺酯片,每片含地芬诺酯 2.5 毫克、硫酸阿托品 0.027 毫克。

二、作用于呼吸系统的药物

(一)祛痰镇咳药

盐酸溴己新

【作用】 可溶解黏稠痰液,使痰中酸性糖蛋白的多糖纤维素裂解,黏度降低。能抑制黏液腺和环状细胞中酸性糖蛋白的合成,使痰液中唾液酸(酸性黏多糖成分之一)的含量减少,黏度下降,内服后尚有恶心性祛痰作用,使痰液易于咳出。但对脱氧核糖核酸无作用,故对黏性脓痰效果较差。本品自胃肠道吸收快而完全。内服后 1 小时血药浓度达峰值。绝大部分降解转化成代谢产物随尿排出,仅极少部分由粪便排出。

【用途】 用于慢性支气管炎的黏稠痰液不宜咳出症。

【药物相互作用】 本品能增加四环素类抗生素在支气管的分布浓度,合用时可增加抗菌效应。

【注意】 由于对胃黏膜的化学刺激,可引起胃不适。故胃疾患畜慎用。

【用法与用量】 内服,一次量,每千克体重,马 0.1～0.25 毫克,牛、猪0.2～0.5 毫克,犬 1.6～2.5 毫克,猫 1 毫克。

肌肉注射,一次量,每千克体重,马 0.1～0.25 毫克,牛、猪 0.2～0.5 毫克。

【制剂与规格】 盐酸溴己新片 4 毫克;8 毫克。盐酸溴己新注射液 1 毫升：2 毫克;1 毫升：4 毫克。

碘化钾

【作用】 碘化钾内服后,部分从呼吸道腺体排出,刺激呼吸道黏膜,使腺体分泌增加,痰液稀释,易于咳出,呈现祛痰作用。

【用途】 内服主要用于治疗痰液黏稠而不宜咳出的亚急性支气管炎的后期和慢性支气管炎。静脉注射还可用于治疗牛的放线菌病。本品亦用于配制碘酊或碘溶液。

【注意】 碘化钾在酸性溶液中能析出游离碘。与甘汞混合后能生成金属汞和碘化汞,使毒性增强。碘化钾溶液遇;生物碱能产生沉淀。肝、肾病患畜慎用。

【用法与用量】 内服,一次量,马、牛5～10克,羊、猪1～3克,犬0.2～1克,猫0.1～0.2克,鸡0.05～0.1克,一日2～3次。

【制剂与规格】 碘化钾片10毫克。

枸橼酸喷托维林(咳必清)

【作用】 本品为非成瘾性镇咳药,镇咳作用强度只有可待因的1/3。具有中枢和外周性镇咳作用,除对延髓的呼吸中枢有直接抑制作用外,还有微弱的阿托品样作用,吸收后可轻度抑制支气管内感应器,减弱咳嗽反射,并可使痉挛的支气管平滑肌松弛,减低气道阻力。

【用途】 适用于各种原因引起的干咳。

【注意】 大剂量时易引起腹胀和便秘。多痰、心脏功能不全并伴有肺部淤血的病畜忌用。

【用法与用量】 内服,一次量,马、牛0.5～1克,猪、羊0.05～0.1克,一日2～3次。

【制剂与规格】 枸橼酸喷托维林片25毫克。

磷酸可待因

【作用】 对延髓的咳嗽中枢有选择性的抑制作用,镇咳作用强而迅速;作用中枢神经系统,兼有镇痛、镇静作用,能抑制支气管腺体的分泌,可使痰液黏稠难以咳出,故不宜用于痰液黏稠的患畜。

药动力学:本品内服后较易被胃吸收。

【用途】 镇咳,用于剧烈的频繁干咳,如痰液较多宜并用祛痰药。镇痛,用于中等程度的疼痛。

【药物相互作用】 本品与抗胆碱药合用时,可加重便秘或尿潴留的副作用。与吗啡类药合用时,可加重中枢性呼吸抑制作用。与肌肉松弛药合用时,呼吸抑制更为显著。

【注意】 大剂量或长期使用会有副作用,常见轻微的消化道不良反应表现为恶心、呕吐、便秘、胰、胆管痉挛。剂量过高会导致呼吸抑制,猫可见中枢兴奋现象,表现为过度兴奋、震颤、癫痫发作等症状。

【用法与用量】 内服,一次量,马、牛 0.2～2 克,猪、羊 0.1～0.5 克,犬 15～60 毫克,狐 10～50 毫克。

【制剂与规格】 磷酸可待因片 15 毫克;30 毫克。磷酸可待因注射液 1 毫升：15 毫克;1 毫升：30 毫克。

乙酰半胱氨酸

【作用】 由于化学结构中的巯基(-SH)可使黏蛋白的双硫键(-S-S-)断裂,降低痰黏度,使黏痰容易咳出。本品喷雾吸入在 1 分钟内起效,最大作用时间为 5～10 分钟,吸收后在肝内脱去乙酰而成半胱氨酸代谢。

【用途】 用于痰液黏稠引起的呼吸困难,咳嗽困难。

【药物相互作用】 本品可减低青霉素、头孢菌素、四环素等的药效,不宜混合或并用,必要时间隔 4 小时交替使用。本品与碘化油、糜蛋白酶、胰蛋白酶呈配伍禁忌。

【注意】 不宜与一些金属如铁、铜及橡胶,氧化剂接触,喷雾容器要采用玻璃或塑料制品。应用本品时应新鲜配制,剩余溶液需保存在冰箱内,48 小时内用完。支气管哮喘患畜慎用或禁用。小动物于喷雾后宜运动,以促进痰液咳出,或叩击动物的两侧胸腔,以诱导咳嗽,将痰排出。

【用法与用量】 喷雾:以 10%～20% 溶液喷雾吸入,中等动物,一次用 2～5 毫升,一日 2～3 次,一般喷雾 2～3 天或连续 7 天;气管滴入,以 5% 溶液滴入气管内,一次量,马、牛 3～5 毫升,每日

2～4 次。

【制剂与规格】　喷雾用乙酰半胱胺酸 0.5 克；1 克。

酒石酸锑钾

【作用与用途】　本品小剂量内服后，经水解释放出锑离子，后者刺激胃黏膜，反射性地引起支气管腺体分泌增加，使痰液稀释，并能加强纤毛运动而呈现祛痰作用，大剂量内服可作为瘤胃兴奋药（详见瘤胃兴奋药）。静脉注射有抗血吸虫作用（详见抗血吸虫药）。

【用法与用量】　内服，祛痰，一次量，马、牛 0.5～3 克，猪、羊 0.2～0.5 克，犬 0.02～0.1 克，猫 50～80 毫克，一日 2～3 次。

氯化铵

【作用】　内服氯化铵后，可刺激胃黏膜迷走神经末梢，反射性引起支气管腺体分泌增加，使稠痰稀释，易于咳出，因而对支气管黏膜的刺激减少，咳嗽也随之减轻。此外，氯化铵被吸收至体内后，分解为氨离子和氯离子两部分，铵离子到肝脏内被合成尿素，由肾脏排出时要带走一部分水分，加之氯离子在肾脏排泄时，在肾小管内形成高浓度，超过重吸收阈，也要带走多量的阳离子（主要是钠离子）和排出水分，从而呈现利尿作用，由于氯化铵为强酸弱碱盐，可使尿液呈现酸性，故有酸化尿液作用。

本品内服完全被吸收，在体内几乎全部转化降解，仅极少量随粪便排出。

【用途】　用作祛痰药适用于支气管炎初期，特别是对黏膜干燥，痰稠不宜咳出的咳嗽。用作利尿药可用于心脏性水肿或肝脏性水肿。

【药物相互作用】　本品遇碱或重金属盐类即分解，故忌与碱性药物如碳酸氢钠或重金属配合应用。忌与磺胺类药物并用，因可促使磺胺药析出结晶，发生泌尿道损害，如闭尿、血尿等。忌与呋喃妥因配伍使用。

【注意】　单胃动物服用后有恶心、偶出现呕吐。肝脏、肾脏功能异常的患畜，内服氯化铵容易引起血氯过高性酸中毒和血氨升高,应慎用或禁用。

【用法与用量】 内服,一次量,马8～15克,牛10～25克,羊2～5克,猪1～2克,犬、猫0.2～1克,一日2～3次。

【制剂与规格】 氯化铵片0.3克。

碳酸铵

【作用与用途】 作用类似氯化铵,但较弱,在体内不宜引起酸血症。

【用法与用量】 内服,一次量,马10～25克,牛10～30克,猪、羊2～3克,犬0.2～1克,一日2～3次。

(二)平喘药

盐酸麻黄碱

【作用】 本品作用与肾上腺素相似,但较温和,可舒张支气管并收缩局部血管,其作用时间较长,加强心肌收缩力,增加心输出量,使静脉回心血量充分,有较肾上腺素更强的兴奋中枢神经作用。由于出现更具有选择性的β_2-受体激动剂,临床极少应用本品。

【用途】 适用于预防支气管哮喘发作以及轻症哮喘的治疗;预防椎管麻醉或硬膜外麻醉引起的低血压。

【药物相互作用】 与肾上腺糖皮质激素合用,本品可增加它们的代谢清除率。

碱化剂,如制酸药、钙或镁的碳酸盐、枸橼酸盐、碳酸氢钠等,影响本品在尿中的排泄,增加本品的半衰期,延长作用时间。与全麻药如氯仿、氟烷、异氟烷等同用,可使心肌对拟交感胺类药反应更敏感。有发生室性心律失常危险。与洋地黄苷类合用,可致心律失常。

【注意】 交叉过敏反应,对其他拟交感胺类药,如肾上腺素、异丙肾上腺素等过敏动物,对本品也过敏。本品可分泌入乳汁,哺乳期家畜禁用。本品对家禽缺乏完整的试验资料,滥用于家鸡的商业行为应予制止。

【用法与用量】 皮下注射,一次量,猪、羊20～50毫克,马、牛50～300毫克,犬10～30毫克。内服,一次量,马、牛50～500毫克,猪 20～50 毫克,羊 20～100 毫克,一日 2～3 次。

【制剂与规格】　盐酸麻黄碱注射液 1 毫升：30 毫克;5 毫升：150 毫克。盐酸麻黄碱片 25 毫克。

氨茶碱

【作用】　本品为茶碱与乙二胺的复合物,内含茶碱 84%～87.4%,乙二胺可增强茶碱的水溶性,生物利用度和作用强度,其作用是抑制磷酸二酯,使环腺苷酸的水解速度减慢,升高组织中环腺苷酸/甲鸟苷酸动态药品生产管理比值,并能调节平滑肌细胞内钙离子浓度,抑制组胺、前列腺素等过敏介质的释放和作用,促进儿茶酚胺释放,起间接激动卢受体的作用,故可直接松弛支气管平滑肌,解除支气管平滑肌痉挛,缓解支气管黏膜的充血水肿,发挥相应的平喘功效。

【药物相互作用】　与克林霉素、红霉素、四环素、林可霉素合用时,可降低本品在肝脏的清除率,使血药浓度升高,甚至出现毒性反应,应在给药前后调整本品的用量。与其他茶碱类药合用时,不良反应会增多。酸性药物可增加其排泄,碱性药物可减少其排泄。与儿茶酚胺类及其他拟交感神经药合用,能增加心律失常的发生率。

【用途】　用于缓解气喘症状。

【注意】　本品碱性较强,局部刺激性较大,内服可引起恶心、呕吐等反应,肌肉注射会引起局部红肿疼痛。静脉注射或静滴如用量过大,浓度过高或速度过快,都可强烈兴奋心脏和中枢神经,故需稀释后注射并注意掌握速度和剂量。肝功能低下,心衰患畜宜慎用。

【用法与用量】　肌肉、静脉注射,一次量,马、牛 1～2 克,羊、猪 0.25～0.5 克,犬 0.05～0.1 克,内服,一次量,每千克体重,马 5～10 毫克,犬、猫 10～15 毫克。

【制剂与规格】　氨茶碱注射液 2 毫升：0.25 克;2 毫升：0.5 克;5 毫升：1.25 克。氨茶碱片剂 0.05 克;0.1 克;0;2 克。

盐酸异丙肾上腺素

【作用】　扩张支气管,作用于支气管 β_2-肾上腺素受体,使支气管平滑肌松弛,抑制组胺等递质的释放。

兴奋 β$_1$-肾上腺素受体,增加心率,增强心肌收缩力,增加心脏的传导系统的传导速度,缩短窦房结的不应期。扩张外周血管,减轻心负荷,以纠正低排血量和血管严重收缩的休克状态。

【用途】 治疗支气管哮喘。治疗心源性或感染性休克。治疗完全性房室传导阻滞,心搏骤停。

【药物相互作用】 与其他拟肾上腺素药物合用可增效,但不良反应也增多。

【注意】 常见不良反应有口咽发干、心悸不安,少见不良反应为恶心、震颤、多汗、乏力。对其他肾上腺素类药物过敏患畜对本品也有交叉过敏反应。用量过大或静脉注射速度过快均可引起心律失常,甚至导致心室颤动,器质性心脏病患畜禁用,注射液忌与碱性药物配伍,易引起溶液浑浊或效价降低,亦不能与维生素 C、维生素 K$_2$、促皮质激素、盐酸四环素、青霉素、乳糖酸红霉素等配伍静脉注射。

【用法与用量】 内服,一次量,马、牛 50～100 毫克,猪、羊 20～30毫克,一日 2～3 次。静脉注射,一次量,马、牛 1～4 毫克,猪、羊 0.2～0.4 毫克,一日 2～3 次,用时加适量等渗葡萄糖溶液稀释,开始时宜用小剂量并注意控制心率,大家畜每分钟不得超过100 次。

【制剂与规格】 异丙肾上腺素片 10 毫克。异丙肾上腺素注射液 3 毫升:1 毫克。

三、作用于泌尿系统的药物

(一) 利尿药
氢氯噻嗪
【作用】 属中效利尿药。主要抑制髓袢升支粗段皮质部对氯离子和钠离子的重吸收,从而促进肾脏对氯化钠的排泄而产生利尿作用。由于钠离子与钾离子交换,使钾离子排出增加,长期应用可致低钠血症、低钾血症和低氯血症。本品还有较弱的抑制碳酸酐酶的作用。内服后 1 小时开始利尿,2 小时达到高峰,一次剂量可维持 12~18 小时。疗效快,作用持久而安全。

【用途】 适用于心、肺及肾小管性各种水肿,还可用于促进毒物由肾脏排出。

【注意】 利尿时宜与氯化钾合用,以免产生低血钾。与强心药合用时,也应补充氯化钾。

【用法与用量】 内服,一次量,每千克体重,马、牛 1~2 毫克,羊、猪 2~3 毫克,犬、猫 3~4 毫克。

【制剂与规格】 氢氯噻嗪片 0.025 克;0.25 克。

氯噻酮

【作用】 利尿作用与氢氯噻嗪相似,主要抑制髓袢升支皮质部对氯离子、钠离子、钾离子的重吸收,带有大量水分而产生利尿作用。用药后 2 小时内出现利尿,可维持 48~60 小时,为长效利尿药,毒性较小。

【用途】 治疗各种水肿。

【注意】 长期应用,应加服氯化钾。孕畜不宜连续使用。

【用法与用量】 内服,一次量,马、牛 0.5~1 克,猪、羊 0.2~0.4 克。

【制剂与规格】 氯噻酮片 50 毫克;100 毫克。

呋噻米(速尿)

【作用】 主要作用于肾小管髓袢升支粗段及皮质部,抑制对氯离子和钠离子的重吸收,促进钠离子、氯离子、钾离子的排出和影响肾髓质高渗透压的形成,从而干扰尿的浓缩过程,属强效利尿药。本品作用迅速,内服后 30 分钟开始排尿,1~2 小时达到高峰,维持 6~8 小时。静脉注射后 2~5 分钟开始排尿,30~90 分钟作用达到高峰,持续 4~6 小时。

【用途】 用于治疗各种原因引起的全身水肿及其他利尿药无效的严重病例。还用于治疗肺水肿、脑水肿及腹水、胸水等任何非炎性体液的病理性积聚以及药物中毒时加速药物的排出,亦可促进尿道上部结石的排出。预防急性肾功能衰竭。

【注意】 长期大量用药可出现低血钾、低血氯及脱水,应补钾或与保钾性利尿药配伍或交替使用。应避免与具有耳毒性的氨基苷类抗生素合用。应避免与头孢菌素类抗生素合用,以免增加后者对肝脏的毒性。

【用法与用量】 内服,一次量,每千克体重,马、牛、羊、猪2毫克,犬、猫2.5~5毫克。肌肉、静脉注射,一次量,每千克体重,马、牛、羊、猪0.5~1毫克,犬、猫1~5毫克。

【规格】 呋噻米片20毫克;50毫克。呋噻米注射液2毫升:20毫克;10毫升:100毫克。

依他尼酸(利尿酸)

【作用】 药理作用、作用机制和体内过程与呋噻米相似,剂量过大或使用时间过长所产生的毒副反应也同于呋噻米,但与呋噻米相比,本药副作用较大。静脉注射时胃出血的发病率较高,并易引起心律失常。

【用途】 同呋噻米。

【用法与用量】 内服,一次量,每千克体重,马、牛、羊、猪0.5~1.0毫克,犬5毫克。静脉注射,一次量,马、牛、羊、猪0.5~1.0毫克,以5%葡萄糖注射液或无菌生理盐水稀释后缓慢滴注。

【制剂与规格】 依他尼酸片25毫克。注射用依他尼酸钠25毫克。

布美他尼(丁苯氧酸)

【作用】 属高效利尿药,作用及作用机理同呋噻米,但作用强度为呋噻米的40~60倍。

【用途】 主要用于顽固性水肿及急性肺水肿。

【用法与用量】 内服,一次量,每千克体重,马、牛、羊、猪0.05毫克,犬、猫0.1毫克。

【制剂与规格】 布美他尼片1毫克。

螺内酯

【作用】 与醛固酮有相似的结构,在远曲小管与集合管上皮细胞膜的受体上与醛固酮产生竞争性拮抗,从而产生保钾排钠的利尿作用。其利尿作用较弱,显效缓慢,但作用持久。

【用途】　在兽医临床上一般不作为首选药,可与呋噻米、氢氯噻嗪等其他利尿药合用治疗肝性或其他各种水肿。

【注意】　本品有保钾作用,应用时无需补钾。肾功能衰竭及高血钾患畜忌用。

【用法与用量】　内服,一次量,每千克体重,马、牛、猪、羊0.5～1.5毫克,犬、猫2～4毫克。

【制剂与规格】　螺内酯片20毫克。螺内酯胶囊20毫克。

乙酰唑胺

【作用】　为碳酸酐酶抑制剂。通过抑制肾小管上皮细胞中的碳酸酐酶的活性,使氢离子和钠离子交换减少,增加水和碳酸盐的排出而产生利尿作用,排出碱性尿。本品利尿作用较弱,较少单独使用。

【用途】　主用于心性水肿,对肾性及肝性水肿无效。

【注意】　长期应用应补给钾盐。

【用法与用量】　内服,一次量,每千克体重,马、牛、羊、猪1～3毫克,犬8～10毫克。

【制剂与规格】　乙酰唑胺片0.25克。

氨苯喋啶

【作用】　直接抑制远曲小管和集合管上皮细胞中钠离子和钾离子交换,增加钠离子、氯离子的排泄。同时减少钾的排出而发挥利尿作用。本品作用弱,很少单独使用,多与其他利尿药,如氢氯噻嗪等合用。

【用途】　治疗肝性水肿或其他水肿。

【注意】　同螺内酯。

【用法与用量】　内服,一次量,每千克体重,马、牛、羊、猪0.5～3毫克。

【制剂与规格】　氨苯喋啶片50毫克。

(二) 脱水药

甘露醇

【作用】 甘露醇内服不易吸收,需静脉注射给药。静脉注射高渗溶液后,不能由毛细血管透入组织,故可迅速提高血液的渗透压,以致组织间液水分向血液转移,使组织脱水、颅内压和眼内压迅速下降。另一方面通过增加血容量及扩张肾小球小动脉而增加血流量,经肾小球滤过后,在肾小管不被重吸收,形成高渗,影响水及电解质的再吸收,产生利尿作用。本品的脱水利尿作用较强、迅速,静脉注射后 20～30 分钟出现作用,2～3 小时达到高峰,持效时间为 6～8 小时。

【用途】 治疗脑水肿的首选药,也用于其他组织水肿、休克、手术或创伤及出血后急性肾功能衰竭后的无尿、少尿症。

【注意】 静脉注射时勿漏出血管外,以免引起局部肿胀、坏死。必要时,每隔 6～12 小时重复静脉注射一次。心脏功能不全患畜不宜应用,以免引起心力衰竭。不能与高渗氯化钠配合使用,因氯化钠促进其排出。用量不宜过大,注射速度不宜过快,以防组织严重脱水。

【用法与用量】 静脉注射,一次量,马、牛 1 000～2 000 毫升,羊、猪 100～250 毫升。

【规格】 甘露醇注射液 100 毫升:20 克;250 毫升:50 克;500 毫升:100 克。

山梨醇

【作用】 本品为甘露醇的异构体,作用及作用机理同甘露醇。因进入体内后可在肝内部分转化为果糖,故持效时间稍短。

【用途】 同甘露醇。

【注意】 同甘露醇。

【用法与用量】 静脉注射,一次量,马、牛 1 000～2 000 毫升,羊、猪 100～250 毫升。

【制剂与规格】 山梨醇注射液 100 毫升:25 克;250 毫升:

62.5 克;500 毫升：125 克。

尿素

【作用】 作用同甘露醇,脱水作用快而强(10~15 分钟),维持时间短(约 3~4 小时),因尿素能携带水分通过血脑屏障进入脑脊液,使颅内压反跳性回升。

【用途】 主要用于治疗脑水肿。

【注意】 治疗脑水肿时,因有反跳现象,可在应用本品后再用其他脱水药。本品性质不稳定,临用前用 10%葡萄糖注射液溶解稀释成 30%高渗溶液静脉注射。对局部有刺激性,应避免漏出血管。忌用于心、肺功能不全时。

【用法与用量】 静脉注射,一次量,每千克体重,马、牛 0.25~0.5 克,猪、羊 0.5~1 克。

【制剂与规格】 注射用尿素 30 克;60 克。

四、作用于生殖系统的药物

(一)激素

黄体酮

【作用】 子宫:在雌性激素作用的基础上,促进子宫内膜增生、充血、腺体增长,为受精卵及胚胎发育提供条件。抑制子宫收缩,降低妊娠子宫对缩宫素的敏感性,具安胎和保胎作用。黄体酮还可使子宫颈关闭,分泌黏液,阻止精子通过。

乳腺:黄体酮能促进乳腺的发育,与雌激素协同使乳房充分发育,为泌乳做准备。

卵巢:抑制发情和排卵,停止用药后可使母畜同期发情。

黄体酮内服后在胃肠及肝内迅速被破坏,效果差,故需注射给药。进入血液中的黄体酮大部分与蛋白结合。其代谢物主要与葡萄糖醛酸结合,经肾排出,少数由胆汁排出。

【用途】 主要用于安胎、保胎,防止流产,治疗牛卵巢囊肿。在畜牧生产上可用于母畜的同期发情,便于人工授精而同期分娩。

【注意】 遇冷易析出结晶,置热水中溶解使用。长期应用可使妊娠期延长。泌乳奶牛禁用。宰前应停药 3 周。

【用法与用量】 肌肉注射,一次量,马、牛 50~100 毫克,羊、猪 5~25 毫克,犬 2~5 毫克。

【制剂与规格】 黄体酮注射液 1 毫升：10 毫克;1 毫升：50 毫克。

绒促性素

【作用】 促进性腺的活动,具有卵泡刺激素(FSH)和黄体生成素(LH)样作用。对母畜可促进成熟卵泡排卵和黄体生成,延缓黄体的存在,对未成熟卵泡无作用。它还能短时间刺激卵巢分泌雌激素而引起发情。对公畜可促进睾丸间质细胞分泌雄激素。

【用途】 促进排卵,提高受胎。促进同期发情与同期排卵。治疗排卵延迟和不排卵、卵巢囊肿、习惯性流产等。治疗公牛性欲减退。

【注意】 本品为糖蛋白,具抗原性,多次应用可致过敏和疗效下降。本品水溶液不稳定,应在短时间内用完。

【用法与用量】 肌肉注射,一次量,马、牛 1 000~5 000 单位,羊 100~500 单位,猪 500~1 000 单位,犬 25~300 单位,一周2~3 次。

【制剂与规格】 注射用绒促性素 500 单位;1 000 单位;2 000 单位;5 000 单位。

促卵泡素

【性状】 白色粉末。易溶于水。

【作用】 本品能促进母畜卵巢卵泡迅速生长发育,大剂量有时可引起多数卵泡生长和排卵。与促黄体激素合用,可促进卵泡成熟和排卵,并使卵泡内膜细胞分泌雌激素;对公畜可促进生精上皮的发育与精子的形成。

【用途】 促进母畜发情,提高发情的效果。治疗卵泡停止发育或持久黄体等卵巢机能失调症。母畜发情前大剂量使用可引起

超数排卵。

【用法与用量】 静脉、肌肉或皮下注射，一次量，马、
毫克，猪、羊 5～25 毫克，犬 5～15 毫克。

【制剂与规格】 注射用促卵泡素 50 毫克。

促黄体素

【作用】 与 FSH 协同促进卵泡成熟，并引起排卵。形
体，产生甾体激素，对公畜可促进睾丸间质细胞分泌睾酮，提
畜的性兴奋，增加精液量，在 FSH 协同作用下可促进精子的形

【用途】 促进排卵及治疗卵巢囊肿、幼畜生殖器官发育不
的精子形成障碍，性兴奋缺乏及产后泌乳不足等症。

【注意】 应冻干密封保存。禁与抗肾上腺素药、抗胆碱药、抗
惊厥药、麻醉药及安定药等合用。具抗原性，反复使用可引起过敏
和使疗效下降。

【用法与用量】 静脉、皮下注射，一次量，马、牛 25 毫克，猪 5
毫克，羊 2.5 毫克，犬 1 毫克，可在 1～4 周内重复使用。

【制剂与规格】 注射用促黄体素 25 毫克。

促性腺激素释放激素

亦称黄体生成素释放激素（LRH）。天然的 GnRH 为下丘脑
所分泌的一种多肽类激素。现人工合成，有 A$_2$（促排卵素 2 号）和
A$_3$（促排卵素 3 号）两种。

【作用】 能促使动物垂体前叶释放促黄体素（LH）和促卵泡
素（FSH），从而发挥 LH 和 FSH 样作用，调节性腺的活动。但由
于促进 LH 的作用更强，故又有黄体生成素释放激素之称。

【用途】 用于治疗奶牛排卵迟滞、卵巢静止、持久黄体、卵巢
囊肿及早期妊娠诊断，也可用于鱼类诱发排卵。

【注意】 本品较安全，国外产品给奶牛肌肉注射 25 倍推荐量
（500 微克）不干扰妊娠；动物均未发现注射部位有刺激反应。本品
在体内代谢快，在乳或组织中无残留。

【用法与用量】 肌肉注射，一次量，奶牛 25～100 微克，水貂

0.5 微克;腹腔注射,鱼一次量 2~5 微克。

【制剂与规格】 注射用促黄体素释放激素 A_2 25 微克;50 微克;125 微克;250 微克。注射用促黄体素释放激素 A_3 25 微克;50 微克;100 微克。醋酸促性腺激素释放激素注射液 2 毫升:100 微克。

丙酸睾酮

【作用】 丙酸睾酮是天然雄激素睾丸酮的酯化衍生物,药理作用与睾丸酮相同。主要表现在以下几个方面。

对生殖系统的作用:促进雄性生殖器官的发育,维持其机能与保持第二性征,也是正常精子的发生和成熟过程,以及精囊和前列腺分泌功能所必需。同时兴奋中枢神经系统,引起性欲和性兴奋。大剂量雄激素抑制垂体分泌促性腺激素,从而抑制精子的生成。此外,还能对抗雌激素的作用,抑制母畜发情。

同化作用:雄激素或同化激素有较强的促进蛋白质合成代谢作用(同化作用),能使肌肉和体重增加。促进钙磷在骨组织中沉积,加速骨钙化和骨生长。

兴奋骨髓造血机能:骨髓功能低下时,大剂量的雄激素可以刺激骨髓造血机能,通过促进红细胞生成素产生,直接刺激骨髓与铁血红素的合成。

其他:雄激素能促进免疫球蛋白的合成,增强机体的免疫功能和抗感染的能力。

天然雄激素内服易在肝中失活,而丙酸睾酮内服后有部分被肝脏灭活,临床上多用于注射液或皮下埋植药,因其吸收慢而持效时间长。血浆中的睾酮在肝内代谢后与葡萄糖醛酸结合。经肾随尿中排出。

【用途】 主要用于雄性激素缺乏所致隐睾症,成年雄畜激素分泌不足的性欲缺乏,诱导发情,以及中止雌性动物持续发情作用。

【注意】 雄激素具有水钠滞留作用,心功能不全病畜慎用。

屠宰前休药 21 天。

【用法与用量】　肌肉、皮下注射，一次量，每千克体重，家畜 0.25～0.5 毫克，犬 20～50 毫克。

【制剂与规格】　丙酸睾酮注射液 1 毫升∶25 毫克；1 毫升∶ 50 毫克。

甲睾酮

【作用】　同丙酸睾酮。

【用法与用量】　内服，一次量，家畜 10～40 毫克，犬 10 毫克，猫 5 毫克。

【制剂与规格】　甲睾酮片 5 毫克。

雌二醇

【性状】　白色或乳白色结晶性粉末；无臭。在二氧六环或丙酮中溶解，在乙醇中略溶，在水中不溶。

【作用】　对生殖系统作用：雌二醇能促进雌性未成年动物性器官的形成和第二性征的发育，如子宫、输卵管、阴道和乳腺发育与生长；对成年动物除维持第二性征外又能使其阴道上皮组织、子宫平滑肌、子宫内膜增生和子宫收缩力增强，提高生殖道防御机能。催情：雌二醇能促进母畜发情，以牛最为敏感。能为卵巢机能正常而发情不显著的母畜催情。但大剂量长期应用可抑制发情与排卵。对乳腺的作用：可促进乳房发育和泌乳，但大剂量使用时可抑制泌乳。对代谢的影响：雌二醇可增加食欲，促进蛋白质合成，加速骨化，促进水钠潴留。此外尚有促进凝血作用。抗雄激素作用：雌二醇能抑制雄性动物雄性激素的释放而发挥抗雄激素作用。

雌二醇属天然雌激素，内服在肠道易吸收，但易受肝脏破坏而失活，故内服效果远较注射为差。进入体内的雌激素，部分以葡萄糖醛酸及硫酸结合的形式从肾脏排出，部分由胆汁排出并形成肠肝循环。

【用途】　雌二醇能使子宫体收缩，子宫颈松弛，可促进炎症产物、脓肿、胎衣及死胎排出，并配合催产素用于催产；小剂量用于发情不明显动物的催情。

【用法与用量】 肌肉注射,一次量,马 10~20 毫克,牛 5~20 毫克,羊 1~3 毫克,猪 3~10 毫克,犬 0.2~0.5 毫克。

【制剂与规格】 苯甲酸雌二醇注射液 1 毫升：1 毫克；1 毫升：2 毫克。

(二) 前列腺素类

氯前列醇

【作用】 可引起黄体形态和功能的退化(黄体溶解)。直接刺激子宫平滑肌引起收缩,同时使子宫颈松弛。对非妊娠动物于用药后 2~5 天内发情,在妊娠 10~150 天内的妊娠母牛,用药后 2~3 天内出现流产。

【用途】 主要用于牛、猪的黄体溶解。暗发情或未观测到的发情、子宫积脓、慢性子宫内膜炎,排干尸化胎儿,终止误配所致的妊娠(流产)、同期发情和同期分娩。

【注意】 密封,避光于室温中保存。除非流产和引产,本品禁用于妊娠动物。妊娠 5 个月后应用本品,会造成动物难产。禁止静脉注射。能增强其他催产类药物的作用。本品能迅速由皮肤吸收,沾污皮肤后立即用肥皂水冲洗。

【用法与用量】 肌肉注射,一次量,马 100 微克,牛 500 微克,羊 62.5~125 微克,猪 175 微克。

【制剂与规格】 氯前列醇钠注射液 2 毫升：0.5 毫克。

前列腺素 $F_{2\alpha}$(地诺前列素)

由动物精液或猪、羊的羊水中提取,现多用人工合成品。

【作用】 对生殖、心血管、呼吸、消化及其他系统具广泛的作用。

生殖系统:溶解黄体;促进排卵;影响受精卵的运行,能使输卵管各段肌肉收缩,加速卵子由输卵管向子宫运行,使其无法受精。刺激子宫平滑肌收缩。心血管系统:可提高心率、心收缩力以及收缩血管和引起血压升高。呼吸系统:能使气管、支气管平滑肌收缩、扩张支气管。消化系统:能引起肠道兴奋,增强蠕动,促进肠液的分泌,抑制肠道内水分和电解质的吸收,导致腹泻。此外还能抑制胃酸的分泌。神经系统:是致痛性物质,能兴奋脊髓,升高体温,加强自主神经系统的传导等。

【用途】　猪:可用于控制分娩。在妊娠第 112 天,注射:前列腺素 $F_{2\alpha}$ 后 20 小时,再给予催产素 5~30 单位,可使 78%(5 单位)、82%(10 单位)和 100%(20 单位)的足月母猪分娩,但催产素剂量过大(20~30 单位)会导致难产,故一般催产素的剂量宜低于 10 单位;维护母仔健康。母猪产后 24~48 小时内,应用 $PGF_{2\alpha}$ 可促进子宫收缩,恶露完全排出,加速子宫恢复,防止子宫炎、乳房炎和少乳症的发生,降低仔猪死亡率,增加仔猪断奶重,提高母猪发情率和受胎率,增加下一次分娩的存活仔数,诱导流产。自妊娠 12~14 天后给予前列腺素 $F_{2\alpha}$ 能有效地诱导流产,控制发情周期。

牛:可用于发情不明显,持久黄体,排卵延迟,不排卵,多卵泡发育和排卵,卵巢囊肿,诱发分娩,诱导流产,子宫内膜炎,子宫积脓,胎儿干尸化,剖腹产胎衣不下。马、羊亦可照此应用。

在公畜繁殖上,前列腺素 $F_{2\alpha}$ 可增加精子的射出量和提高人工授精的效果。

【注意】　前列腺素 $F_{2\alpha}$ 能引起平滑肌兴奋,并有出汗、腹泻或疝痛等不良反应。用于子宫收缩时,剂量不宜过大。以防止子宫破裂。不需引产的孕畜禁用,以免引起流产或早产。患急性或亚急性心血管系统、消化系统和呼吸系统疾病的动物禁用。禁止静脉注射。屠宰前 84 小时停药。

【用法与用量】　肌肉注射,一次量,牛 25 毫克,猪 10 毫克。

【制剂与规格】　前列腺素 $F_{2\alpha}$ 注射液 1 毫升:1 毫克;1 毫升:5 毫克。前列腺素 $F_{2\alpha}$ 缓血酸注射液 10 毫升:50 毫克。

(三)子宫收缩药

垂体后叶素

【作用】　本品内含缩宫素和加压素,对子宫平滑肌的选择性不如缩宫素,小剂量时可引起妊娠后期子宫节律性收缩。雌激素能增强子宫平滑肌对缩宫素的敏感性。妊娠末期雌激素水平升高,子宫对缩宫素反应更强。催产素还能加强乳腺腺泡周围肌上皮细胞的收缩。松弛大的乳管和乳池周围的平滑肌使泡腔的乳迅速进入乳导管和乳池,引起排乳。垂体后叶素中的加压素能增强肾脏远曲小管及集合管对水的重吸收,使尿量显著减少。它还能收缩毛细血管小动脉,对未妊娠子宫有兴奋作用,对妊娠子宫作用反而不强烈。

【用途】 主要用于催产、产后子宫出血、促进子宫复原、排乳等。

【注意】 产道阻塞、胎位不正、骨盆狭窄、子宫颈未开放的家畜禁用。本品可引起过敏反应,用量大时可引起血压升高、少尿及腹痛。性质不稳定,应避光、密闭、阴凉处保存。

【用法与用量】 肌肉静脉滴注,马、牛 50~100 单位,羊、猪 10~50 单位,犬 5~30 单位,猫 5~10 单位。

【制剂与规格】 垂体后叶素注射液 1 毫升:5 单位;1 毫升:10 单位。

马来酸麦角新碱

【作用】 马来酸麦角新碱能选择作用于子宫平滑肌,妊娠子宫尤为敏感。对临产和产后子宫作用为最强。它与垂体后叶素主要区别在于它对子宫体和子宫颈都具兴奋效应,剂量稍大,就可引起强直性收缩,故不用于催产或引产。马来酸麦角新碱内服易吸收,作用迅速而短暂。

【用途】 主要用于产后出血、子宫复旧、胎衣不下等。

【注意】 胎儿未娩出前禁用。

【用法与用量】 肌肉、静脉注射,一次量,马、牛 5~15 毫克,羊、猪 0.5~1.0 毫克,犬 0.1~0.5 毫克。

【制剂与规格】 马来酸麦角新碱注射液 1 毫升:0.5 毫克;1 毫升:2 毫克。

缩宫素(催产素)

【作用】 兴奋子宫,作用同垂体后叶素。此外缩宫素能促进乳腺腺泡和腺导管周围的肌上皮细胞收缩,促进排乳。

【用途】 用于产前子宫收缩无力时催产、引产及产后出血、胎衣不下和子宫复旧不全的治疗。

【注意】 参见垂体后叶素。

【用法与用量】 皮下、肌肉注射,一次量,马、牛 30～100 单位,羊、猪 10～50 单位,犬 2～10 单位。

【制剂与规格】 缩宫素注射液 1 毫升：10 单位;5 毫升： 50 单位。

五、作用于心血管系统的药物

(一)强心药

地高辛

【作用】 同洋地黄毒苷。

【用途】 适用于治疗各种原因所致的慢性心功能不全,阵发性室上性心动过速,心房颤动和扑动等。

【药物相互作用】 新霉素、对氨基水杨酸会减少地高辛的吸收。红霉素能使地高辛血中浓度提高。用药期间禁用钙注射剂。

【注意】 近期用过其他洋地黄类强心药患畜慎用。不宜与酸、碱类配伍。其余参见洋地黄毒苷。

【用法与用量】 内服,每千克体重,洋地黄化剂量马 0.06～0.08 毫克,每 8 小时 1 次,连续 5～6 次,犬 0.02 毫克,每 12 小时 1 次,连用 3 次;维持剂量,马 0.01～0.02 毫克,犬 0.01 毫克。静脉注射,每千克体重,首次量,马 0.014 毫克,犬 0.02 毫克;维持量,马 0.007 毫克,犬 0.005 毫克,每 12 小时 1 次。

【制剂与规格】 地高辛片 0.25 毫克。地高辛注射液 2 毫升： 0.5 毫克。

洋地黄毒苷

本品为玄参科植物紫花洋地黄的干叶或叶粉的提纯制剂。

【作用】 洋地黄毒苷对心脏具有高度选择作用,治疗剂量能明显地加强衰竭心脏的收缩力(即正性肌力作用),使心肌收缩敏捷,并通过植物神经介导,减慢心率和房室传导速率。在洋地黄毒苷作用下,衰竭的心功能得到改善,使流经肾脏的血流量和肾小球滤过功能加强,产生利尿作用,从而使慢性心功能不全时的各种临床表现(如呼吸困难及浮肿等)得以减轻或消失。中毒剂量则因抑制心脏的传导系统和兴奋异位节律点而发生各种心律失常的中毒症状。

【用途】 洋地黄毒苷具有严格的适应证,兽医临床主用于治疗马、牛、犬等充血性心力衰竭,心房纤维性颤动和室上性心动过速等。

【药物相互作用】 服用苯妥因钠、巴比妥钠、保泰松、利福平,会使血中洋地黄毒苷浓度降低,故合用时需加警惕。

【注意】 强心苷安全范围窄,应用时应监测心电图变化,以免发生毒性反应。用药后,一旦出现精神抑郁、共济失调、厌食、呕吐、腹泻、严重虚脱、脱水和心律不齐等症状时,应立即停药。若在过去 10 天内用过其他强心苷,使用时剂量应减少,以免中毒。肝、肾功能障碍患畜应酌减。低血钾能增加强心苷药物对心脏的兴奋性,引起室性心律不齐,亦可导致心脏传导阻滞。高渗葡萄糖、排钾性利尿药均可降低血钾水平,须加注意。适当补钾可预防或减轻强心苷的毒性反应。除非发生充血性心力衰竭,处于休克、贫血、尿毒症等情况下动物亦不应使用此类药物。在用钙盐或拟肾上腺素类药物(如肾上腺素)时,使用强心苷应慎重。心内膜炎、急性心肌炎、创伤性心包炎等情况下慎用强心苷类药物。在期前房性收缩、室性心搏过速或房室传导过缓时禁用。

【用法与用量】 强心苷的传统用法常分为两步,即首先在短期内(24～48 小时)应用足量的强心苷(如,洋地黄毒苷),使血中迅速达到预期的治疗浓度,称为洋地黄化,所用剂量称全效量,然后每天继续用较小剂量维持疗效,称为维持量。

全效量的给药方法有两种。

缓给法:将全效量分为 8 次内服,每 8 小时 1 次。首次剂量应占全效量的 1/3,第二次占 1/6,以后各次均占 1/12。本法适用于病情不太严重的患畜。

速给法:首次内服全效量的 1/2,每 6 小时 1 次,第二次为 3/4,以后各次均为 1/8。本法适用于严重病畜。速给法也可选用强心苷注射液,首次缓慢静脉注射全效量的 1/2,以后每 2 小时静脉注射一次,剂量为全效量的 1/8～1/10,待呈现药效后,改用维持量。内服,每千克体重,洋地黄化剂量,马 0.03～0.06 毫克,犬 0.01 毫克,1 日 2 次,连用 24～48 小时;维持剂量马 0.01 毫克,犬 0.01 毫克,1 日 1 次。

【制剂与规格】　洋地黄毒苷片 0.1 毫克。

毒毛花苷 K

【作用】　同洋地黄毒苷。

【用途】　主要用于充血性心力衰竭。

【注意】　近 1～2 周内用过强心苷患畜不宜应用,以免中毒危险。不宜与碱性溶液配伍。其余详见洋地黄毒苷。

【用法与用量】　静脉注射,一次量,马、牛 1.25～3.75 毫克,犬 0.25～0.5 毫克,临用前用 5%葡萄糖注射液稀释 10～20 倍后缓慢注射。

【制剂与规格】　毒毛花苷 K 注射液 1 毫升：0.25 毫克;2 毫升：0.5 毫克。

去乙酰毛花苷

【作用】　药理作用与洋地黄毒苷相似。可加强心肌收缩力,减慢心率,抑制心脏传导。本品具有快速强心作用,静脉注射后8～10 分钟呈现作用,1～2 小时作用达高峰,作用持续 2～3 天。主要由肾脏排泄。

【用途】　适用于急性心功能不全的病例。对房颤及室上性心动过速作用较明显。

【注意】 禁用于急性心肌炎、创伤性心包炎及肾功能不全的病例。本品主要用于静脉注射,若注射困难,亦可肌肉注射。其他注意事项参见洋地黄毒苷。

【用法与用量】 静脉注射,一次量,马、牛 1.6～3.2 毫克,临用前用 10% 葡萄糖注射液稀释 20 倍后缓慢注射,4～6 小时后酌情再注射半量。

【制剂与规格】 去乙酰毛花苷注射液 2 毫升:0.4 毫克。

(二) 止血药

维生素 K₃

【作用】 维生素 K 为肝脏合成凝血酶原(因子 Ⅱ)的必需物,还参与凝血因子 Ⅶ、Ⅸ、Ⅹ 的合成。维生素 K 在这些无活性前体物形成活性产物过程中起羧化作用。缺乏维生素 K 可致上述凝血因子合成障碍,影响凝血过程而引起出血倾向或出血。

天然维生素 K₁、K₂ 是脂溶性的,其吸收有赖于胆汁的正常分泌。维生素 K₃ 可水溶,其吸收不依赖于胆汁。内服可直接吸收,也可肌肉注射。吸收后随 β 脂蛋白转运,在肝内被利用。但需数日才能使凝血酶原恢复至正常水平。

【用途】 用于家畜维生素 K 缺乏所致的出血。预防幼雏的维生素 K 缺乏及治疗禽类维生素 K 缺乏所致的出血症。防治因长期内服广谱抗菌药引起的继发性维生素 K 缺乏性出血症。治疗胃肠炎、肝炎、阻塞性黄疸等导致的维生素 K 缺乏和低凝血酶原症,牛、猪摄食含双香豆素的霉烂变质的草木樨,以及由于水杨酸钠中毒所致的低凝血酶原血症。解救杀鼠药"敌鼠钠"中毒,宜用大剂量。

【药物相互作用】 巴比妥类药物在肝脏能增加药物代谢酶的合成,促使维生素 K 代谢加速而迅速失散,两者不宜合用。

【注意】 维生素 K₃ 可损害肝脏,肝功能不良病畜应改用维生素 K₁。临产母畜大剂量应用,可使新生仔畜出现溶血、黄疸或胆红素血症。

【用法与用量】　肌肉注射，一次量，马、牛 100～300 毫克，羊、猪 30～50 毫克，犬 10～30 毫克，禽 2～4 毫克。

【制剂与规格】　维生素 K_3 注射液 1 毫升：4 毫克；10 毫升：40 毫克。

肾上腺素色腙（安络血）

【作用】　本品为肾上腺素缩氨脲与水杨酸钠的复合物。具有增强毛细血管对损伤的抵抗力，促进断裂毛细血管端的回缩，降低毛细血管的通透性，减少血液外渗等作用。

【用途】　曾用于毛细血管损伤所致的出血性疾患，如鼻出血、内脏出血、血尿，视网膜出血、手术后出血及产后出血等。后因疗效可疑，因而目前少用。

【注意】　本品含水杨酸，长期反复应用可产生水杨酸反应。禁与脑垂体后叶素、青霉素 G、盐酸氯丙嗪混合注射。抗组胺药物能抑制本品作用，联合应用时应间隔 48 小时。本品不影响凝血过程，对大出血、动脉出血疗效差。

【用法与用量】　肌肉注射，一次量，马、牛 25～100 毫克，羊、猪 10～20 毫克。

【制剂与规格】　肾上腺素色腙注射液 1 毫升：5 毫克；2 毫升：10 毫克。

吸收性明胶海绵

【作用】　局部止血剂。吸收性明胶海绵含无数小孔，敷于出血处，血液进入小孔中，血小板破坏，释出凝血因子而促进血液凝固，同时也具有机械压迫止血的作用。在体内经 4～6 周可完全吸收。

【用途】　用于创口渗血区止血，如外伤出血、手术止血、毛细血管渗血、鼻出血等。

【注意】　本品为灭菌制品，使用过程中要求无菌操作。包装打开后不宜再消毒，以免延长吸收时间。

【用法与用量】 贴于出血处,再用干纱布压迫。

【规格】 6厘米×6厘米×1厘米;8厘米×5厘米×0.5厘米。

酚磺乙胺(止血敏)

【作用】 能使血小板数量增加,并增强血液的聚集和黏附力,促进凝血活性物质的释放从而产生止血作用。此外,尚有增强毛细血管抵抗力及降低其通透性作用。本品快速静脉注射后1小时作用最强,一般可维持4～6小时。

【用途】 适用于各种出血,如内脏出血、鼻出血及手术前预防出血和手术后止血。

【注意】 预防外科手术出血,应在术前15～30分钟用药。

【用法与用量】 肌肉、静脉注射,一次量,马、牛1.25～2.5克,羊、猪0.25～0.5克。

【制剂与规格】 酚磺乙胺注射液2毫升∶0.25克;10毫升∶1.25克。

(三)抗凝血药

肝素钠

【作用】 肝素钠在体内外均有抗凝血作用,可延长凝血时间、凝血酶原时间和凝血酶时间。另外,肝素钠还有清除血脂和抗脂肪肝的作用。肝素钠内服无效,须注射给药。静脉注射后均匀分布于白细胞和血浆,很快进入组织,并与血浆、组织蛋白结合。在肝脏被代谢,经肾排除。其生物半衰期变异较大,并取决于给药剂量和给药途径。

【用途】 马和小动物的弥散性血管内凝血的治疗。各种急性血栓性疾病,如手术后血栓的形成、血栓性静脉炎等。输血及检查血液时体外血液样品的抗凝。各种原因引起的血管内凝血。

【注意】 本品刺激性强。肌肉注射可致局部血肿,应酌量加2%盐酸普鲁卡因溶液。用量过多可致自发性出血,表现为全身黏膜出血和伤口出血等,如引起严重出血可静脉注射硫酸鱼精蛋白进行对抗。通常 1 毫克鱼精蛋白在体内中和 100 单位肝素钠。禁用于出血性素质和伴有血液凝固延缓的各种疾病，慎用于肾功能不全动物，孕畜，产后、流产、外伤及手术后动物。肝素化的血液不能用作同类凝集、补体和红细胞脆性试验。与碳酸氢钠、乳酸钠并用，可促进肝素抗凝作用。

【用法与用量】　肌肉、静脉注射，每千克体重，马、牛、羊、猪 100～130 单位，犬 150～250 单位，猫 250～375 单位。体外抗凝，每 500 毫升血液用肝素钠 100 单位。实验室血样，每毫升血样加肝素钠 10 单位。动物交叉循环，肌肉注射，每千克体重，黄牛 300 单位。

【制剂与规格】　肝素钠注射液 2 毫升：1 000 单拉；2 毫升：5 000 单位；2 毫升：12 500 单位。

枸橼酸钠

【作用】　枸橼酸钠含有的枸橼酸根离子能与血浆中钙离子形成难解离的可溶性络合物，使血中钙离子减少，从而阻滞了钙离子参与血液凝固过程而发挥抗凝血作用。

【应用】　仅用于体外抗凝血。

【注意】　大量输血时，应注射适宜钙剂。以预防低钙血症。

【用法与用量】　输血用枸橼酸钠注射液体外抗凝，每 100 毫升血液加入 10 毫升。

【制剂与规格】　输血用枸橼酸钠注射液 10 毫升：0.25 克。

（四）抗贫血药

富马酸亚铁

【作用】　药理作用同硫酸亚铁。特点是含铁量高，吸收好，很难被氧化成三价铁。内服后血清铁迅速上升，并能保持稳定。

【用途】　适用于营养性、出血性、传染病或寄生虫等所致的缺铁性贫血，以及孕畜、哺乳仔猪的缺铁性贫血。

【注意】　消化道溃疡、肠炎等患畜忌用。其他与硫酸亚铁基本相同，但不良反应较少。

【用法与用量】　内服，一次量，马、牛2～5克，羊、猪0.5～1克。

【制剂与规格】　富马酸亚铁片0.2克。富马酸亚铁胶囊0.2克。

右旋糖酐铁

【作用】　药理作用同硫酸亚铁，但右旋糖酐铁是一种可溶性的三价铁剂，能制成注射剂供肌肉注射。右旋糖酐铁肌注后，首先通过淋巴系统缓慢吸收。注射3天内吸收约60％，1～3周后吸收90％。其余可能在数月内缓慢吸收。

【用途】　本品注射液适用于重症缺铁性贫血或不宜内服铁剂的缺铁性贫血。兽医临床常用于仔猪缺铁性贫血。

【注意】　严重肝、肾功能减退患畜忌用。肌肉注射时可引起局部疼痛，应深部肌肉注射。注射用铁剂极易过量而致中毒，故需严格控制剂量。需冷藏，久置可发生沉淀。

【用法与用量】　内服，一次量，仔猪100～200毫克，肌肉注射，一次量，仔猪100～200毫克。

【制剂与规格】　右旋糖酐铁片25毫克(铁)。

右旋糖酐铁注射液2毫升:0.1克(铁)；2毫升:0.2克(铁)；10毫升:0.5克(铁)；10毫升:1克(铁)；50毫升:12.5克(铁)；50毫升:15克(铁)。

枸橼酸铁铵

【作用】　药理作用同硫酸亚铁，由于是三价铁，必须还原成亚铁盐才能被吸收，因此，不如硫酸亚铁易于吸收，但无刺激性。

【用途】　适用于轻度缺铁性贫血的治疗。

【药物相互作用】　同硫酸亚铁。

【注意】　遇光易变质。肠炎腹泻患畜忌用。其他注意事项参见硫酸亚铁。

【用法与用量】　内服，一次量，马、牛5～10克，猪1～2克。

【制剂与规格】　枸橼酸铁铵溶液10％。

硫酸亚铁

【作用】　铁为机体所必需的元素,是体内合成血红蛋白必不可少的物质,同时亦是肌红蛋白、细胞色素和某些酶(细胞色素酶、细胞色素氧化酶、过氧化酶等)的组成部分。吸收到骨髓的铁,进入骨髓幼红细胞,聚积到线粒体中,与原卟啉结合形成血红素,后者再与珠蛋白结合而成为血红蛋白,进向发育为成熟红细胞。缺铁时,血红素生成减少,但由于原红细胞增殖能力和成熟过程不受影响,因此红细胞数量并不减少,只是每个红细胞中血红蛋白量减少。

【用途】　用于缺铁性贫血,如慢性失血、营养不良、孕畜及哺乳期仔猪等的缺铁性贫血。

【药物相互作用】　稀盐酸可促进三价铁离子转变为二价铁离子,有助于铁剂的吸收,对胃酸分泌不足的患畜尤为适用。维生素C为还原物质,能防止二价铁离子氧化而利于吸收。含钙、磷酸盐、鞣酸以及抗酸药均可使铁盐沉淀,妨碍其吸收。铁剂与四环素类可形成络合物,互相妨碍吸收。

【注意】　对胃肠道黏膜有刺激性,大量内服可引起肠坏死、出血,严重时可致休克。宜饲后投药。铁与肠道内硫化氢结合,生成硫化铁,使硫化氢减少,减少了对肠蠕动的刺激作用,可致便秘,并排黑粪。禁用于消化道溃疡、肠炎等患畜。

【用法与用量】　内服,一次量,马、牛 2～10 克,羊、猪 0.5～3 克,犬 0.05～0.5 克,猫 0.05～0.1 克,临用前配成 0.2%～1%溶液。

(五) 血容量补充药

右旋糖酐 40

【作用】　能提高血浆胶体渗透压,吸收血管外的水分而扩充血容量,维持血压;使已经聚积的红细胞和血小板解聚,降低血液黏滞性,从而改善微循环,防止休克后期的血管内凝血;抑制凝血因子Ⅱ的激活,使凝血因子Ⅰ和Ⅷ活性降低以及其抗血小板作用均可防止血栓形成。本品还具有渗透性利尿作用。

本品因分子量小,在体内停留时间较短,经肾脏排泄亦快,故扩充血容量作用维持时间较短,半衰期仅 3 小时左右。

【用途】 主要用于扩充和维持血容量,治疗因失血、创伤、烧伤、中毒性休克。

【药物相互作用】 与维生素 B_{12} 混合可发生变化;与卡那霉素,庆大霉素合用可增加其毒性。

【注意】 静脉注射宜缓慢,用量过大可致出血,如鼻衄、齿龈出血、皮肤黏膜出血、创面渗血、血尿等。充血性心力衰竭和有出血性疾病患畜禁用。肝肾疾病患畜慎用。偶见过敏反应(发热、荨麻疹等),此时应立即停止输入,必要时注射苯海拉明或肾上腺素。失血量如超过 35% 时应用本品可继发严重贫血,须做输血疗法。

【用法与用量】 右旋糖酐 40 葡萄糖注射液,静脉注射,一次量,马、牛 500～1 000 毫升,羊、猪 250～500 毫升。右旋糖酐 40 氯化钠注射液同右旋糖酐 40 葡萄糖注射液。

【制剂与规格】 右旋糖酐 40 葡萄糖注射液 500 毫升:30 克右旋糖酐 40 与 25 克葡萄糖。右旋糖酐 40 氯化钠注射液 500 毫升:30 克右旋糖酐 40 与 4.5 克氯化钠。

右旋糖酐 70

【作用】 药理作用基本上同右旋糖酐 40,但其扩充血容量作用和抗血栓作用较前者强,几无改善微循环和渗透性利尿作用,静脉滴注后,在血循环中存留时间较长,排泄较慢,1 小时排出 30%,在 24 小时内约 50% 从肾排出。

【用途】 主用于防治低血容量性休克,如出血性休克、手术中休克、烧伤性休克,也可用于预防手术后血栓形成和血栓性静脉炎。

【药物相互作用】 同右旋糖酐 40。

【注意】 同右旋糖酐 40,由于抗血栓作用强更易引起出血。

【用法与用量】 右旋糖酐 70 葡萄糖注射液,静脉注射,一次量,马、牛 500～1 000 毫升,羊、猪 250～500 毫升。右旋糖酐 70 氯化钠注射液同右旋糖酐 70 葡萄糖注射液。

【制剂与规格】　右旋糖酐 70 葡萄糖注射液 500 毫升：30 克右旋糖酐 70 与 25 克葡萄糖。右旋糖 70 氯化钠注射液 500 毫升：30 克右旋糖酐 70 与 4.5 克氯化钠。

(六) 水、电解质及酸碱平衡调节药

氯化钠

【作用】　电解质补充药,在动物体内,钠是细胞外液中极为重要的阳离子,是保持细胞外液渗透压和容量的重要成分。此外,钠还以碳酸氢钠形式构成缓冲系统,对调节体液的酸碱平衡具有重要作用。钠离子在细胞外液中的正常浓度,是维持细胞的兴奋性、神经肌肉应激性的必要条件。体内大量丢失钠可引起低钠综合征,表现为全身虚弱、表情淡漠、肌肉痉挛、循环障碍等,重则昏迷直至死亡。

【用途】　用于调节体内水和电解质平衡。在大量出血而又无法进行输血时,可输入本品以维持血容量进行急救。

【注意】　脑、肾、心脏功能不全及血浆蛋白过低患畜慎用。肺水肿病畜禁用。生理盐水所含的氯离子比血浆氯离子浓度高,已发生酸中毒动物,如大量应用,可引起高氯性酸中毒。此时可改用碳酸氢呐-生理盐水或乳酸钠-生理盐水。

【用法与用量】　氯化钠注射液,静脉注射,一次量,马、牛 1 000～3 000 毫升,羊、猪 250～500 毫升,犬 100～500 毫升。复方氯化钠注射液,静脉注射,一次量,马、牛 1 000～3 000 毫升,羊、猪 250～500 毫升,犬 100～500 毫升。

【制剂与规格】　氯化钠注射液 10 毫升：0.09 克;250 毫升：2.25 克;500 毫升：4.5 克;1 000 毫升：9 克。复方氯化钠注射液 500 毫升：含氯化钠 4.25 克,氯化钾 0.15 克,氯化钙 0.165 克;1 000 毫升：含氯化钠 8.5 克。氯化钾 0.3 克,氯化钙 0.33 克。

葡萄糖

【作用】　本品是机体所需能量的主要来源,在体内被氧化成

二氧化碳和水并同时供给热量,或以糖原形式贮存。对肝脏具有保护作用。5‰等渗葡萄糖注射液及葡萄糖氯化钠注射液有补充体液作用,高渗葡萄糖还可提高血液渗透压,使组织脱水及短暂利尿作用。

【用途】 下痢、呕吐、重伤、失血等,体内损失大量水分时,可静滴5%～10%葡萄糖溶液,同时静滴适量生理盐水,以补充体液的损失及钠的不足。不能摄食的重病衰竭患畜,可用以补充营养。仔猪低血糖症、牛酮血症、农药和化学药物及细菌毒素等中毒病解救的辅助治疗。

【注意】 10%以上葡萄糖液禁忌皮下或腹腔注射。静脉注射高渗葡萄糖液速度应缓慢,以免加重心脏负担,且勿漏出血管外。

【用法与用量】 静脉注射,一次量,马、牛50～250克,羊、猪10～50克,犬5～25克。葡萄糖氯化钠注射液,静脉注射,一次量,马、牛1 000～3 000毫升,羊、猪250～500毫升,犬100～500毫升。

【制剂与规格】 葡萄糖注射液20毫升:15克;20毫升:10克;250毫升:12.5克;250毫升:25克;500毫升:25克;500毫升:50克;1 000毫升:50克;1 000毫升:100克。葡萄糖氯化钠注射液500毫升:葡萄糖25克与氯化钠4.5克;1 000毫升:葡萄糖50克与氯化钠9克。

乳酸钠

【作用】 为纠正酸血症的药物,其高渗溶液注入体内后,在有氧条件下经肝脏氧化、代谢,转化成碳酸根离子,纠正血中过高的酸度,但其作用不及碳酸氢钠迅速和稳定。

【用途】 主用于治疗代谢性酸中毒,特别是高血钾症等引起的心律失常伴有酸血症患畜。

【注意】 过量能形成碱血症。肝功能障碍、休克缺氧、心功能不全动物慎用。在一般情况下,不宜用生理盐水或其他含氧化钠溶液稀释本品,以免成为高渗溶液。

【用法与用量】 静脉注射,一次量,马、牛200～400毫升,羊、猪 40～60 毫升,临用时稀释 5 倍。

【制剂与规格】　乳酸钠注射液 20 毫升：2.24 克；50 毫升：5.60 克；100 毫升：11.20 克。

氯化钾

【作用】　钾为细胞内主要阳离子,是维持细胞内渗透压的重要成分。钾通过与细胞外的氯离子交换参与酸碱平衡的调节；钾离子亦是心肌、骨骼肌、神经系统维持正常功能所必需。适当浓度的钾离子,可保持神经肌肉的兴奋性,缺钾则导致神经肌肉间的传导障碍,心肌自律性增高。另外,钾还参与糖、蛋白质的合成及二磷酸腺苷转化为三磷酸腺苷的能量代谢。

【用途】　主用于钾摄入不足或排钾过量所致的低血钾症,亦可用于强心苷中毒引起的阵发性心动过速等。

【注意】　静滴过量时可出现疲乏；肌张力减低、反射消失、周围循环衰竭、心率减慢甚至心脏停搏。肾功能严重减退或尿少时慎用,无尿或血钾过高时忌用。脱水病例一般先给不含钾的液体,等排尿后再补钾。静滴时,速度宜慢,溶液应稀释(一般不超过0.3%),否则不仅引起局部剧痛,且可导致心脏骤停。内服本品溶液对胃肠道有较强的刺激性,应稀释并于饲后灌服,以减少刺激性。

【用法与用量】　静脉注射,一次量,马、牛 2～5 克,羊、猪0.5～1 克,临用前必须以 5%葡萄糖注射液稀释成 0.3%以下的溶液。

【制剂与规格】　氯化钾注射液 10 毫升：1 克。

碳酸氢钠

【作用】　本品内服后能迅速中和胃酸,减轻疼痛,但作用持续时间短。内服或静脉注射碳酸氢钠能直接增加机体的碱储备,迅速纠正代谢性酸中毒,并碱化尿液。

【用途】　用于严重酸中毒(酸血症)、内服可治疗胃肠卡他。碱化尿液,防止磺胺类药物对肾脏的损害以及提高庆大霉素等对泌尿道感染的疗效。

【注意】 碳酸氢钠注射液应避免与酸性药物、复方氯化钠、硫酸镁、盐酸氯丙嗪注射液等混合应用。对组织有刺激性,静脉注射时勿漏出血管外。用量要适当,纠正严重酸中毒时,应测定二氧化碳结合力,作计量依据。充血性心力衰竭、肾功能不全、水肿、缺钾等病畜慎用。

【用法与用量】 内服,一次量,马15~80克,牛30~100克,羊5~10克,猪2~5克,犬0.5~2克。静脉注射,一次量,马、牛15~30克,羊、猪2~6克,犬0.5~1.5克。

【制剂与规格】 碳酸氢钠片0.3克;0.5克。碳酸氢钠注射液10毫升:0.5克;250毫升:12.5克;500毫升:25克。

附表一 兽药停药期间规定

	兽药名称	执行标准	停药期
1	乙酰甲喹片	兽药规范1992版	牛、猪35日
2	二氢吡啶	部颁标准	牛、肉鸡7日,弃奶期7日
3	二硝托胺预混剂	兽药典2000版	鸡3日,产蛋期禁用
4	土霉素片	兽药典2000版	牛、羊、猪7日,禽5日,弃蛋期2日,弃奶期3日
5	土霉素注射液	部颁标准	牛、羊、猪28日,弃奶期7日
6	马杜霉素预混剂	部颁标准	鸡5日,产蛋期禁用
7	双甲脒溶液	兽药典2000版	牛、羊21日,猪8日,弃奶期48小时,禁用于产奶羊
8	巴胺磷溶液	部颁标准	羊14日
9	水杨酸钠注射液	兽药规范1965版	牛0日,弃奶期48小时
10	四环素片	兽药典1990版	牛12日,猪10日,鸡4日,产蛋期禁用,产奶期禁用
11	甲砜霉素片	部颁标准	28日,弃奶期7日
12	甲砜霉素散	部颁标准	28日,弃奶期7日,鱼500度/日
13	甲基前列腺素F_{2a}注射液	部颁标准	牛1日,猪1日,羊1日
14	甲硝唑片	兽药典2000版	牛28日
15	甲磺酸达氟沙星注射液	部颁标准	猪25日

	兽药名称	执行标准	停药期
16	甲磺酸达氟沙星粉	部颁标准	鸡5日,产蛋鸡禁用
17	甲磺酸达氟沙星溶液	部颁标准	鸡5日,产蛋鸡禁用
18	甲磺酸培氟沙星可溶性粉	部颁标准	28日,产蛋鸡禁用
19	甲磺酸培氟沙星注射液	部颁标准	28日,产蛋鸡禁用
20	甲磺酸培氟沙星颗粒	部颁标准	18日,产蛋鸡禁用
21	亚硒酸钠维生素E注射液	兽药典2000版	牛、羊、猪28日
22	亚硒酸钠维生素E预混剂	兽药典2000版	牛、羊、猪28日
23	亚硫酸氢钠申萘醌注射液	兽药典2000版	0日
24	伊维菌素注射液	兽药典2000版	牛、羊35日,猪28日,泌乳期禁用
25	吉他霉素片	兽药典2000版	猪、鸡7日,产蛋期禁用
26	吉他霉素预混剂	部颁标准	猪、鸡7日,产蛋期禁用
27	地西泮注射液	兽药典2000版	28日
28	地克珠利预混剂	部颁标准	鸡5日,产蛋期禁用
29	地克珠利溶液	部颁标准	鸡5日,产蛋期禁用
30	地美硝唑预混剂	兽药典2000版	猪、鸡28日,产蛋期禁用
31	地塞米松磷酸钠注射液	兽药典2000版	牛、羊、猪21日,弃奶期3日
32	安乃近片	兽药典2000版	牛、羊、猪28日,弃奶期7日
33	害乃沂注射液	兽药典2000版	牛、羊、猪28日,弃奶期7日
34	安钠咖注射液	兽药典2000版	牛、羊、猪28日,弃奶期7日
35	那西肽预混剂	部颁标准	鸡7日,产蛋期禁用
36	吡喹酮片	兽药典2000版	28日,弃奶期7日

	兽药名称	执行标准	停药期
37	芬苯哒唑片	兽药典 2000 版	牛、羊 21 日,猪 3 日,弃奶期 7 日
38	芬苯哒唑粉(苯硫苯咪唑粉剂)	兽药典 2000 版	牛、羊 14 日,猪 3 日,弃奶期 5 日
39	苄星邻氯青霉素注射液	部颁标准	牛 28 日,产犊后 4 天禁用,泌乳期禁用
40	阿司匹林片	兽药典 2000 版	0 日
41	阿苯达唑片	兽药典 2000 版	牛 14 日,羊 4 日,猪 7 日,禽 4 日,弃奶期 60 小时
42	阿莫西林可溶性粉	部颁标准	鸡 7 日,产蛋鸡禁用
43	阿维菌素片	部颁标准	羊 35 日,猪 28 日,泌乳期禁用
44	阿维菌素注射液	部颁标准	羊 35 日,猪 28 白,泌乳期禁用
45	阿维菌素粉	部颁标准	羊 35 日,猪 28 日,泌乳期禁用
46	阿维菌素胶囊	部颁标准	羊 35 日,猪 28 日,泌乳期禁用
47	阿维菌素透皮溶液	部颁标准	牛、猪 42 日,泌乳期禁用
48	乳酸环丙沙星可溶性粉	部颁标准	禽 8 日,产蛋鸡禁用
49	乳酸环丙沙星注射液	部颁标准牛 14 日	猪 10 日,禽 28 日,弃奶期 84 小时
50	乳酸诺氟沙星可溶性粉	部颁标准	禽 8 日,产蛋鸡禁用
51	注射用三氮脒	兽药典 2000 版	28 日,弃奶期 7 日
52	注射用苄星青霉素(注射用苄星青霉素 G)	兽药规范 1978 版	牛、羊 4 日,猪 5 日,弃奶期 3 日

	兽药名称	执行标准	停药期
53	注射用乳糖酸红霉素	兽药典 2000 版	牛 14 日,羊 3 日,猪 7 日,弃奶期 3 日
54	注射用苯巴比妥钠	兽药典 2000 版	28 日,弃奶期 7 日
55	注射用苯唑西林钠	兽药典 2000 版	牛、羊 14 日,猪 5 日,弃奶期 3 日
56	注射用青霉素钠	兽药典 2000 版	0 日,弃奶期 3 日
57	注射用青霉素钾	兽药典 2000 版	0 日,弃奶期 3 日
58	注射用氨苄青霉素钠	兽药典 2000 版	牛 6 日,猪 15 日,弃奶期 48 小时
59	注射用盐酸土霉素	兽药典 2000 版	牛、羊、猪 8 日,弃奶期 48 小时
60	注射用盐酸四环素	兽药典 2000 版	牛、羊、猪 8 口,弃奶期 40 小时
61	注射用酒石酸泰乐菌素	部颁标准	牛 28 日,猪 21 日,弃奶期 96 小时
62	注射用喹嘧胺	兽药典 2000 版	28 日,弃奶期 7 日
63	注射用氯唑西林钠	兽药典 2000 版	牛 10 日,弃奶期 2 日
64	注射用硫酸双氢链霉素	兽药典 1990 版	牛、羊、猪 18 日,弃奶期 72 小时
65	沣射用硫酸卡那霉素	兽药典 2000 版	28 日,弃奶期 7 日
66	注射用硫酸链霉素	兽药典 2000 版	牛、羊、猪 18 日,弃奶期 72 小时
67	环丙氨嗪预混剂(1%)	部颁标准	鸡 3 日
68	苯丙酸诺龙注射液	兽药典 2000 版	28 日,弃奶期 7 日
69	苯甲酸雌二醇注射液	兽药典 2000 版	28 日,弃奶期 7 日
70	复方水杨酸钠注射液	兽药规范 1978 版	28 日,弃奶期 7 日

	兽药名称	执行标准	停药期
71	复方甲苯咪唑粉	部颁标准	鳗 150 度/日
72	复方阿莫西林粉	部颁标准	鸡 7 日,产蛋期禁用
73	复方氨苄西林片	部颁标准	鸡 7 日,产蛋期禁用
74	复方氨苄西林粉	部颁标准	鸡 7 日,产蛋期禁用
75	复方氨基比林注射液	兽药典 2000 版	28 日,弃奶期 7 日
76	复方磺胺对甲氧嘧啶片	兽药典 2000 版	28 日,弃奶期 7 日
77	复方磺胺对甲氧嘧啶钠注射液	兽药典 2000 版	28 日,弃奶期 7 日
78	复方磺胺甲恶唑片	兽药典 2000 版	28 日,弃奶期 7 日
79	复方磺胺氯哒嗪钠粉	部颁标准	猪 4 日,鸡 2 日,产蛋期禁用
80	复方磺胺嘧啶钠注射液	兽药典 2000 版	牛、羊 12 日,猪 20 日,弃奶期 48 小时
81	枸橼酸乙胺嗪片	兽药典 2000 版	28 日,弃奶期 7 日
82	枸橼酸哌嗪片	兽药典 2000 版	牛、羊 28 日;猪 21 日,禽 14 日
83	氟苯尼考注射液	部颁标准	猪 14 日,鸡 28 日,鱼 375 度/日
84	氟苯尼考粉	部颁标准猪	20 日,鸡 5 日,鱼 375 度/日
85	氟苯尼考溶液	部颁标准	鸡 5 日,产蛋期禁用
86	氟胺氰菊酯条	部颁标准	流蜜期禁用
87	氢化可的松注射液	兽药典 2000 版	0 日
88	氢溴酸东莨菪碱注射液	兽药典 2000 版	28 日,弃奶期 7 日
89	洛克沙胂预混剂	部颁标准	5 日,产蛋期禁用
90	恩诺沙星片	兽药典 2000 版	鸡 8 日,产蛋鸡禁用
91	恩诺沙星可溶性粉	部颁标准	鸡 8 日,产蛋鸡禁用

	兽药名称	执行标准	停药期
92	恩诺沙星注射液	兽药典 2000 版	牛、羊 14 日,猪 10 日,兔 14 日
93	恩诺沙星溶液	兽药典 2000 版	禽 8 日,产蛋鸡禁用
94	氧阿苯达唑片	部颁标准	羊 4 日
95	氧氟沙星片	部颁标准	28 日,产蛋鸡禁用
96	氧氟沙星可溶性粉	部颁标准	28 日,产蛋鸡禁用
97	氧氟沙星注射液	部颁标准	28 日,弃奶期 7 日,产蛋鸡禁用
98	氧氟沙星溶液(碱性)	部颁标准	28 日,产蛋鸡禁用
99	氧氟沙星溶液(酸性)	部颁标准	28 日,产蛋鸡禁用
100	氨苯胂酸预混剂	部颁标准	5 日,产蛋鸡禁用
101	氨茶碱注射液	兽药典 2000 版	28 日,弃奶期 7 日
102	海南霉素钠预混剂	部颁标准	鸡 7 日,产蛋期禁用
103	烟酸诺氟沙星可溶性粉	部颁标准	28 日,产蛋鸡禁用
104	烟酸诺氟沙星注射液	部颁标准	28 日
105	烟酸诺氟沙星溶液	部颁标准	28 日,产蛋鸡禁用
106	盐酸二氟沙星片	部颁标准	鸡 1 日
107	盐酸二氟沙星注射液	部颁标准	猪 45 日
108	盐酸二氟沙星粉	部颁标准	鸡 1 日
109	盐酸二氟沙星溶液	部颁标准	鸡 1 日
110	盐酸大观霉素可溶性粉	兽药典 2000 版	鸡 5 日,产蛋期禁用
111	盐酸左旋咪唑	兽药典 2000 版	牛 2 日,羊 3 日,猪 3 日,禽 28 日,泌乳期禁用
112	盐酸左旋咪唑注射液	兽药典 2000 版	牛 14 日,羊 28 日,猪 28 日,泌乳期禁用
113	盐酸多西环素片	兽药典 2000 版	28 日

续表

	兽药名称	执行标准	停药期
114	盐酸异丙嗪片	兽药典 2000 版	28 日
115	盐酸异丙嗪注射液	兽药典 2000 版	28 日,弃奶期 7 日
116	盐酸沙拉沙星可溶性粉	部颁标准	鸡 0 日,产蛋期禁用
117	盐酸沙拉沙星注射液	部颁标准	猪 0 日,鸡 0 日,产蛋期禁用
118	盐酸沙拉沙星溶液	部颁标准	鸡 0 日,产蛋期禁用
119	盐酸沙拉沙星片	部颁标准	鸡 0 日,产蛋期禁用
120	盐酸林可霉素片	兽药典 2000 版	猪 6 日
121	盐酸林可霉素注射液	兽药典 2000 版	猪 2 日
122	盐酸环丙沙星、盐酸小檗碱预混剂	部颁标准	500 度/日
123	盐酸环丙沙星可溶性粉	部颁标准	28 日,产蛋鸡禁用
124	盐酸环丙沙星注射液	部颁标准	28 日,产蛋鸡禁用
125	盐酸苯海拉明液射液	兽药典 2000 版	28 日,弃奶期 7 日
126	盐酸洛美沙星片	部颁标准	28 日,弃奶期 7 日,产蛋鸡禁用
127	盐酸洛美沙星可溶性粉	部颁标准	28 日,产蛋鸡禁用
128	盐酸洛美沙星注射液	部颁标准	28 日,弃奶期 7 日
129	盐酸氨丙啉、乙氧酰胺苯甲酯、磺胺喹噁啉预混剂	兽药典 2000 版	鸡 10 日,产蛋鸡禁用
130	盐酸氨丙啉、乙氧酰胺苯甲酯预混剂	兽药典 2000 版	鸡 3 日,产蛋期禁用
131	盐酸氯丙嗪片	兽药典 2000 版	28 日,弃奶期 7 日
132	盐酸氯丙嗪注射液	兽药典 2000 版	28 日,弃奶期 7 日
133	盐酸氯苯胍片	兽药典 2000 版	鸡 5 日,兔 7 日,产蛋期禁用
134	盐酸氯苯胍预混剂	兽药典 2000 版	鸡 5 日,兔 7 日,产蛋期禁用
135	盐酸氯胺酮注射液	兽药典 2000 版	28 日,弃奶期 7 日

兽药名称	执行标准	停药期
136 盐酸赛拉唑注射液	兽药典 2000 版	28 日,弃奶期 7 日
137 盐酸赛拉嗪注射液	兽药典 2000 版	牛、羊 14 日,鹿 15 日
138 盐霉素钠预混剂	兽药典 2000 版	鸡 5 日,产蛋期禁用
139 诺氟沙星、盐酸小檗碱预混剂	部颁标准	500 度/日
140 酒石酸吉他霉素可溶性粉	兽药典 2000 版	鸡 7 日,产蛋期禁用
141 酒石酸泰乐菌素可溶性粉	兽药典 2000 版	鸡 1 日,产蛋期禁用
142 维生素 B_{12} 注射液	兽药典 2000 版	0 日
143 维生素 B_1 片	兽药典 2000 版	0 日
144 维生素 B_1 注射液	兽药典 2000 版	0 日
145 维生素 B_2 片	兽药典 2000 版	0 日
146 维生素 B_2 注射液	兽药典 2000 版	0 日
147 维生素 B_6 片	兽药典 2000 版	0 日
148 维生素 B_6 注射液	兽药典 2000 版	0 日
149 维生素 C 片	兽药典 2000 版	0 日
150 维生素 C 注射液	兽药典 2000 版	0 日
151 维生素 C 磷酸酯镁、盐酸环丙沙星预混剂	部颁标准	
152 维生素 D_3 注射液	兽药典 2000 版	28 日,弃奶期 7 日
153 维生素 E 注射液	兽药典 2000 版	牛、羊、猪 28 日
154 维生素 K_1 注射液	兽药典 2000 版	0 日
155 喹乙醇预混剂	兽药典 2000 版	猪 35 日,禁用于禽、鱼、35 千克以上的猪

续表

	兽药名称	执行标准	停药期
156	奥芬达唑片（苯亚砜哒唑）	兽药典 2000 版	牛、羊、猪 7 日，产奶期禁用
157	普鲁卡因青霉素注射液	兽药典 2000 版	牛 10 日，羊 9 日，猪 7 日，弃奶期 48 小时
158	氯羟吡啶预混剂	兽药典 2000 版	鸡 5 日，兔 5 日，产蛋期禁用
159	氯氰碘柳胺钠注射液	部颁标准	28 日，弃奶期 28 日
160	氯硝柳胺片	兽药典 2000 版	牛、羊 28 日
161	氰戊菊酯溶液	部颁标准	28 日
162	硝氯酚片	兽药典 2000 版	28 日
163	硝碘酚腈注射液（克虫清）	部颁标准	羊 30 日，弃奶期 5 日
164	硫氰酸红霉素可溶性粉	兽药典 2000 版	鸡 3 日，产蛋期禁用
165	硫酸卡那霉素注射液（单硫酸盐）	兽药典 2000 版	28 日
166	硫酸安普霉素可溶性粉	部颁标准	猪 11 日，鸡 7 日，产蛋期禁用
167	硫酸安普霉素预混剂	部颁标准	猪 21 日
168	硫酸庆大-小诺霉素注射液	部颁标准	猪、鸡 40 日
169	硫酸庆大霉素注射液	兽药典 2000 版	猪 40 日
170	硫酸黏菌素可溶性粉	部颁标准	7 日，产蛋期禁用
171	硫酸黏菌素预混剂	部颁标准	7 日，产蛋期禁用
172	硫酸新霉素可溶性粉	兽药典 2000 版	鸡 5 日，火鸡 14 日，产蛋期禁用
173	越霉素 A 预混剂	部颁标准	猪 15 日，鸡 3 日，产蛋期禁用

	兽药名称	执行标准	停药期
174	碘硝酚注射液	部颁标准	羊 90 日,弃奶期 90 日
175	碘醚柳胺混悬液	兽药典 2000 版	牛、羊 60 日,泌乳期禁用
176	精制马拉硫磷溶液	部颁标准	28 日
177	精制敌百虫片	兽药规范 1992 版	28 日
178	蝇毒磷溶液	部颁标准	28 日
179	醋酸地塞米松片	兽药典 2000 版	马、牛 0 日
180	醋酸泼尼松片	兽药典 2000 版	0 日
181	醋酸氟孕酮阴道海绵	部颁标准	羊 30 日,泌乳期禁用
182	醋酸氢化可的松注射液	兽药典 2000 版	0 日
183	磺胺二甲嘧啶片	兽药典 2000 版	牛 10 日,猪 15 日,禽 10 日
184	磺胺二甲嘧啶钠注射液	兽药典 2000 版	28 日
185	磺胺对甲氧嘧啶,二甲氧苄氨嘧啶片	兽药规范 1992 版	28 日
186	磺胺对甲氧嘧啶,二甲氧苄氨嘧啶预混剂	兽药典 1990 版	28 日,产蛋期禁用
187	磺胺对甲氧嘧啶片	兽药典 2000 版	28 日
188	磺胺甲噁唑片	兽药典 2000 版	28 日
189	磺胺间甲氧嘧啶片	兽药典 2000 版	28 日
190	磺胺间甲氧嘧啶钠注射液	兽药典 2000 版	28 日
191	磺胺脒片	兽药典 2000 版	28 日
192	磺胺喹恶啉、二甲氧苄氨嘧啶预混剂	兽药典 2000 版	鸡 10 日,产蛋期禁用
193	磺胺喹恶啉钠可溶性粉	兽药典 2000 版	鸡 10 日,产蛋期禁用
194	磺胺氯吡嗪钠可溶性粉	部颁标准	火鸡 4 日,肉鸡 1 日,产蛋期禁用

续表

	兽药名称	执行标准	停药期
195	磺胺嘧啶片	兽药典 2000 版	牛 28 日
196	磺胺嘧啶钠注射液	兽药典 2000 版	牛 10 日,羊 18 日,猪 10 日,弃奶期 3 日
197	磺胺喹唑片	兽药典 2000 版	28 日
198	磺胺噻唑钠注射液	兽药典 2000 版	28 日
199	磷酸左旋咪唑片	兽药典 1990 版	牛 2 日,羊 3 日,猪 3 日,禽 28 日,泌乳期禁用
200	磷酸左旋咪唑注射液	兽药典 1990 版	牛 14 日,羊 28 日,猪 28 日,泌乳期禁用
201	磷酸哌嗪片(驱蛔灵片)	兽药典 2000 版	牛、羊 28 日,猪 21 日,禽 14 日
202	磷酸泰乐菌素预混剂	部颁标准	鸡、猪 5 日

注:2003 年 5 月 22 日农业部第 278 号公告之附件一。

资料来源:中国兽药信息网

附表二 《动物性食品中兽药最高残留限量》药物简表

限量程度	药物名称
动物性食品中允许使用，但不需要制定残留限量的药物	乙酰水杨酸,氢氧化铝,双甲脒,氨丙啉,安普霉素,阿托品,甲基吡啶磷,甜菜碱,碱式碳酸铋,碱式硝酸铋,硼酸及其盐,咖啡因,硼葡萄糖酸钙,泛酸钙,樟脑,氯己定,胆碱,氯前列醇,癸氧喹酯,地克珠利,肾上腺素,马来酸麦角新碱,乙醇,硫酸亚铁,氟氯苯氰菊酯,叶酸,促卵泡激素(各种动物天然 FSH 及其化学合成类似物),甲醛,戊二醛,垂体促性腺激素释放激素,绒促性素,盐酸,氢化可的松,过氧化氢,碘和碘无机化合物,碘化钠和钾,碘酸钠和钾,碘附包括聚乙烯 p 比咯烷酮碘,碘有机化合物,碘仿,右旋糖酐铁,氯胺酮,乳酸,利多卡因,促黄体激素(各种动物天然 FSH 及其化学合成类似物),氯化镁,甘露醇,甲萘醌,新斯的明,缩宫素,对乙酰氨基酚,胃蛋白酶,苯酚,哌嗪,聚 L-醇(分子量范围从 200 到 10000),吐温-80,吡喹酮,普鲁卡因,双羟萘酸噻嘧啶,水杨酸钠,脱水山梨醇三油酸酯(司盘 85),士的宁,愈创木酚磺酸钾,硫磺,丁卡因,硫酸汞,硫喷妥钠,维生素 A,维生素 B_1,维生素 B_{12},维生素 B_2,维生素 B_6,维生素 D,维生素 E,盐酸塞拉嗪,氧化锌,硫酸锌

限量程度	药物名称
动物性食品中允许使用,但有残留限量限制的药物	阿灭丁(阿维菌素),乙酰异戊酰泰乐菌素,阿苯达唑,ADI,双甲脒,阿莫西林,氨苄西林,氨丙啉,安普霉素,阿散酸/洛克沙胂,氨哌酮,杆菌肽,苄星青霉素/普鲁卡因青霉素,倍他米松,头孢氨苄,头孢喹肟,头孢噻呋,克拉维酸,氯羟苄,头孢喹碘柳胺,氯胜西林,黏菌素,蝇毒磷,环丙氨嗪,达氟沙星,癸氧喹酯,溴菊酯,越霉素 A 地塞米松;二嗪农,敌敌畏,地克珠利,二氟沙星,三氮脒,多拉菌素,多西环素,恩诺沙星,红霉素,乙氧酰胺苯甲酯,苯硫氨酯,芬苯达唑,奥芬达唑,倍硫磷,氰戊菊酯,氟苯尼考,奥芬达唑,醋酸氟孕酮,氟甲喹,氟氯苯氰菊酯,氟胺氰菊酯,庆大霉素,吉他霉素,氢溴酸常山酮,氮氨菲啶,伊维菌素,吉他霉素,拉沙洛菌素,左旋咪唑,安乃近,莫能菌素,马拉硫磷,甲苯唑西林,丙氧苯咪唑,恶喹酸,土霉素/金霉素/四环素,辛硫磷,派嗪,巴胺磷,碘醚柳胺,氯苯胍,盐霉素,沙拉沙星,赛杜霉素,大观霉素,链霉素/双氢链霉素,磺胺类,磺胺二甲嘧啶,噻苯咪唑,甲砜霉素,泰妙菌素,替米考星,甲基三嗪酮(托曲珠利),敌百虫,三氯苯唑,甲氧苄啶,泰乐菌素,维吉尼霉素,二硝托胺允
允许做治疗用,但不得在动物性食品中检出的药物	氯丙嗪 Chlorpromazine,地西泮(安定)Diazepam,地美硝唑 Dimetridazole,苯甲酸雌二醇 EstradiolBenzoate,潮霉素 BHygromycinB,甲硝唑 Metronidazole,苯丙酸诺龙 Nadmlone'Phenylpropionate,丙酸睾酮 Testosteronepropinate,塞拉嗪 Xylzaine

限量程度	药物名称
禁止使用的药物,在动物性食品中不得检出	氯霉素 Chloramphenicol 及其盐、酯(包括:琥珀氯霉素 Chlorampheni coSuccinate),克伦特罗 Clenbuterol 及其盐、酯;沙丁胺醇 Salbutamol 及其盐、酯;西马特罗 Cimaterol 及其盐、酯,氨苯砜 Dapsone,己烯雌酚 Diethylstilbestrol 及其盐、酯,呋喃它酮 Furaltadone,呋喃唑酮 Furazolidone,林丹 Lindane,呋喃苯烯酸钠 Nifurstyrenate sodium,安眠酮 Methaqualone,洛硝达唑 Ronidazole,玉米赤霉醇 Zeranol,去甲雄三烯醇酮 Trenbolone,醋酸甲孕酮 MengestrolAcetate,硝基酚钠 Sodium ni trophenolate,硝呋烯腙 Nitrovin,毒杀芬(氯化烯)Camahechlor,呋喃丹(克百威)Carbofuran,杀虫脒(克死螨)Chlordimeform,双甲脒 Ami traz,酒石酸锑钾 Antimony potassium tartrate,锥虫砷胺 Tryparsamile,孔雀石绿 Malachite green,五氯酚酸钠 Pentachlorophenol sodium,氯化亚汞(甘汞)Calomel,硝酸亚汞 Mercurous nitrate,醋酸汞:Mercurous acetate,吡啶基醋酸汞 Pyridyl mercurous acetate,甲基睾丸酮 Methylt estosterone,群勃龙 Trenbolone

注:根据 2002 年 10 月 24 日农业部第 235 号公告整理。

资料来源:中国兽药信息网

附表三　食品动物禁用的兽药及其他化合物清单

序号	兽药及其他化合物名称	禁止用途	禁用动物
1	β-兴奋剂类：克仑特罗 Clenbuteml、沙丁胺醇 Salbutamol、西马特罗 Cimaterol 及其盐、酯及制剂	所有用途	所有食品动物
2	性激素类：己烯雌酚 Diethylstilbestrol 及其盐、酯及制剂	所有用途	所有食品动物
3	具有雌激素样作用的物质：玉米赤霉醇 Zeranol、去甲雄三烯醇酮 Trenbolone、醋酸甲孕酮 Mengestrol，Acetate 及制剂	所有用途	所有食品动物
4	氯霉素 Chloramphenicol 及其盐、酯（包括，琥珀氯霉素 ChloramphenicolSuccinate）及制剂	所有用途	所有食品动物
5	氨苯砜 Dapsone 及制剂	所有用途	所有食品动物
6	硝基呋喃类：呋喃唑酮 Furazolidone、呋喃它酮 Furaltadone、呋喃苯烯酸钠 Nifurstyrenatesodium、呋喃西林、呋喃妥因及其盐、酯及制剂	所有用途	所有食品动物
7	硝基化合物：硝基酚钠 Sodiumnitrophenolate 硝呋烯腙 Nitrovin 及制剂	所有用途	所有食品动物
8	催眠、镇静类：安眠酮 Methaqualone 及制剂	所有用途	所有食品动物
9	林丹（丙体六六六）Lindane	杀虫剂	水生食品动物

225

序号	兽药及其他化合物名称	禁止用途	禁用动物
10	毒杀芬(氯化烯)Camahechlor 杀虫剂、清塘剂水生食品动物		
11	呋喃丹(克百威)Carbofuran	杀虫剂	水生食品动物
12	杀虫脒(克死螨)Chlordimeform	杀虫剂	水生食品动物
13	双甲脒 Amitraz	杀虫剂	水生食品动物
14	石石酸锑钾 Antimonypotassiumtartrate	杀虫剂	水生食品动物
15	锥虫胂胺 Tryparsamide	杀虫剂	水生食品动物
16	孔雀石绿 Malachitegreen 抗菌、杀虫剂水生食品动物		
17	五氯酚酸钠 Pentachlorophenolsodium	杀螺剂	水生食品动物
18	各种汞制剂包括:氯化亚汞(甘汞)Calomel、硝酸亚汞 Mercurousnitrate、醋酸汞 Mercurous acetate、吡啶基醋酸汞 Pyridyl mercurous acetate 杀虫剂	动物	
19	性激素类:甲基睾丸酮 Methyltestosterone、丙酸睾丸酮 TestosteronePropionate、苯丙酸诺龙 Nandrolone Phenylpropionate、苯甲酸雌二醇 EstradiolBenzoate 及其盐、酯及制剂促生长	所有食品动物	
20	催眠、镇静类:氯丙嗪 Chlorpmmazine、地西泮(安定)Diazepam 及其盐、酯及制剂促生长	所有食品动物	
21	硝基咪唑类:甲硝唑 Metronidazole、地美硝唑 Dimetronidazole 及其盐、酯及制剂促生长	所有食品动物	
22	硝基咪唑类:替硝唑及其盐、酯及制剂	所有用途	所有食品动物
23	喹噁啉类:卡巴氧及其盐、酯及制剂	所有用途	所有食品动物

续表

序号	兽药及其他化合物名称	禁止用途	禁用动物
24	抗生素、合成抗菌药:万古霉素及其盐、酯及制剂、头孢哌酮、头孢噻肟、头孢曲松(头孢三嗪)、头孢噻吩、头孢拉啶、头孢唑啉、头孢噻啶、罗红霉素、克拉霉素、阿奇霉素、磷霉素、硫酸奈替米星(netilmicin)、氟罗沙星、司帕沙星、甲替沙星、克林霉素(氯林可霉素、氯洁霉素)、妥布霉素、胍哌甲基四环素、盐酸甲烯土霉素(美他环素)、两性霉素、利福霉素等及其盐、酯及单、复方制剂农药:井冈霉素、浏阳霉素、赤霉素及其盐、酯及单、复方制剂	所有用途	所有食品动物
25	抗病毒药物:金刚烷胺、金刚乙胺、阿昔洛韦、吗啉(双)胍(病毒灵)、利巴韦林等及其盐、酯及单、复方制剂	所有用途	所有食品动物
26	解热镇痛类等其他药物:双嘧达莫(dipyridamole 预防血栓栓塞性疾病)、聚肌胞、氟胞嘧啶、代森铵(农用杀虫菌剂)、磷酸伯氨喹、磷酸氯喹(抗疟药)、异噻唑啉酮(防腐杀菌)、盐酸地酚诺酯(解热镇痛)、盐酸溴己新(祛痰)、西咪替丁(抑制人胃酸分泌)、盐酸甲氧氯普胺、甲氧氯普胺(盐酸胃复安)、比沙可啶(bisacodyl 泻药)、二羟丙茶碱(平喘药)、白细胞介素-2、别嘌醇、多抗甲素(α-甘露聚糖肽)等及其盐、酯及制剂	所有用途	
	所有食品动物复方制剂:①注射用的抗生素与安乃近、氟喹诺酮类等化学合成药物的复方制剂;②镇静类药物与解热镇痛药等治疗药物组成的复方制剂所有用途	所有食品动物	

注:①食品动物是指各种供人食用或其产品供人食用的动物。②根据2002年4月农业部公告第193号和2005年10月28日农业部公告第560号整理。资料来源:中国兽药信息网

参 考 文 献

[1] 陈杖榴. 兽医药理学. 北京:中国农业出版社,2003

[2] 姜平. 兽医生物制品学. 北京:中国农业出版社,2003

[3] 孙建宏,曹殿军. 常用畜禽疫苗使用指南. 北京:金盾出版社,2004

[4] 辛朝安. 禽病学. 北京:中国农业出版社,2003

[5] 陈代文. 饲料添加剂学. 北京,中国农业出版社,2003

[6] 中华兽药大典编辑委员会. 中华兽药大典. 北京:北京科大电子出版社,中国农业出版社,2005

[7] 徐浩. 最新国家兽药药品标准手册. 北京:银声音像出版社,2005